ALBERT DE ROCHAS D'AIGLUN

RECUEIL DE DOCUMENTS RELATIFS À

LA LÉVITATION DU CORPS HUMAIN

(suspension magnétique)

(1897)

Buenos Books International
www.buenosbooks.fr

Ouvrage publié pour la première fois en
1897 par les éditions: P. – G. LEYMARY

Nouvelle édition réalisée par les
Editions Buenos Books International, Paris
www.buenosbooks.fr

ISBN: 9782366700459

PRÉFACE

Le phénomène de l'ascension des corps humains ou de la lévitation, pour employer le terme consacré aujourd'hui, paraît l'un des plus extraordinaires parmi ceux qui sont dus à cette force psychique que notre génération cherche à définir. Il en est cependant peu dont la réalité ait été démontrée par un nombre plus imposant de témoignages.

Ce sont ces témoignages que j'ai groupés ici en quatre chapitres différents, pour ne point blesser de nouveau les susceptibilités qui se manifestèrent, il y a quelques années, quand je traitai ce sujet dans un article de la Revue Scientifique en me bornant à reproduire les faits par ordre de date.

D'un côté, on me reprocha d'avoir manqué de respect à la Religion, en confondant les miracles des Saints avec les récits plus on moins controuvés de l'histoire profane. De l'autre, on me blâma d'avoir pris au sérieux les insanités rapportées par les hagiographes.

Il m'est impossible de discuter la valeur des sources où j'ai puisé, au moins pour les faits anciens; chacun leur attribuera la valeur qu'il voudra. Je me suis borné à faire œuvre de compilateur et à fournir à ceux que cette question intéresse un recueil de documents qui, bien qu'incomplet, leur évitera des recherches longues et fastidieuses.

Albert de ROCHAS

CHAPITRE PREMIER

CAS EMPRUNTÉ A L'ORIENT

Philostrate[1]dit, en parlant des sages de l'Inde : «Damis les a vus s'élever en l'air, *à la hauteur de deux coudées*, non pour étonner (car ils se défendent de ce genre de prétention), mais parce que, selon eux, tout ce qu'ils font en l'honneur du soleil, *à quelque distance de la terre*, est plus digne de ce Dieu».

La propriété de rester suspendu en l'air était un des caractères distinctifs des dieux et des héros ascètes. Dans la charmante *Histoire de Nala*, traduite par Em. Burnouf, la belle Damayanti, recherchée en mariage par trois dieux en même temps que par le roi Nala, se trouve subitement en présence de quatre Nalas indiscernables; fort embarrassée, elle adjure les dieux de reprendre leur forme divine, et c'est alors que Damayanti les voit avec leurs attributs et *ne touchant pas le sol.*

On trouve, dans l'introduction à *l'Histoire*[2] *du Bouddhisme indien*, le récit suivant:

---

[1] *Vie d'Apollonius de Tyane*, l. III, ch. xv.

[2] E. Burnouf, 1884, t 1er, p. 183. Voyez aussi p. 250, 312 et suiv.

Alors Bhagavat entra dans une méditation telle qu'aussitôt que son esprit s'y fut livré, il disparut de la place où il était assis et que, s'élançant dans l'air du côté de l'Occident, il y parut dans les quatre attitudes de la décence, c'est-à-dire qu'il marcha, qu'il se tint debout, qu'il s'assit, qu'il se coucha. Il atteignit ensuite la région de la lumière... Ce qu'il avait fait à l'Occident, il l'opéra également au midi ; il le répéta dans les quatre points de l'espace, et quand, par ces quatre miracles, il eut témoigné de sa puissance surnaturelle, il revint s'asseoir sur son siège.

Les anecdotes de ce genre sont assez nombreuses dans les livres sacrés de l'Inde, mais elles s'y présentent généralement sous une forme mystique, qui permettrait à l'esprit de se méprendre sur le véritable caractère du phénomène, si des faits contemporains ne venaient en préciser la nature.

M. Louis Jacolliot rapporte le suivant dont il a été témoin[3]. L'acteur était un fakir nommé Covindassamy, qui venait de Trivanderam, près du cap Comorin à l'extrémité sud de l'Indoustan, et était seulement de passage à Bénarès; il avait été chargé d'y apporter les restes funèbres d'un riche Malabare et habitait provisoirement une petite paillote située au bord du Gange, non loin de la maison louée par M. Jacolliot. Depuis une vingtaine de jours, il se livrait au jeûne et à la prière, lorsque se produisirent, entre autres scènes prodigieuses, les deux suivantes que je copie textuellement dans l'ouvrage du magistrat français:

> Ayant pris une canne en bois de fer que j'avais apportée de Ceylan, il appuya la main sur la pomme, et, les yeux fixés en terre, il se

[3] *Voyage au pays des Fakirs Charmeurs*, p. 61.

> mit à prononcer les conjurations magiques de circonstance et autres momeries dont il avait oublié de me gratifier les jours précédents...
>
> Appuyé d'une seule main sur la canne, le fakir s'éleva graduellement à deux pieds environ au-dessus du sol, les jambes croisées à l'orientale, et resta dans une position assez semblable à celle de ces bouddhas en bronze que tous les touristes des paquebots rapportent de l'extrême-Orient...
>
> Pendant plus de vingt minutes, je cherchai à comprendre comment Covindassamy pouvait ainsi rompre avec les lois ordinaires de l'équilibre... Il me fut impossible d'y parvenir; aucun support apparent ne le liait au bâton qui n'était en contact avec son corps que par la paume de sa main droite[4].

Il faut remarquer que la scène se passait sur la terrasse supérieure de la maison de M. Jacolliot et que le fakir était presque entièrement nu. De même pour cet autre phénomène:

> Au moment où il me quittait pour aller déjeuner et faire quelques heures de sieste, ce

---

4

M. Jacolliot dit (p. 27) qu'il avait. déjà vu accomplir ce tour par d'autres charmeurs, et *le Magasin pittoresque* en a donné, si je ne me trompe, une description. Robert Houdin l'a imité, mais à l'aide de cuirasses et de tiges d'acier cachées sous les vêtements tandis que le fakir était nu, La plupart des trucs des prestidigitateurs sont, du reste inspirés par des phénomènes réels qu'on reproduit dans des conditions essentiellement différentes.

dont il avait le plus pressant besoin, n'ayant rien pris et ne s'étant point reposé depuis vingt-quatre heures, le fakir s'arrêta à l'embrasure de la porte qui conduisait de la terrasse à l'escalier de sortie, et, croisant les bras sur la poitrine, il s'éleva ou me parut s'élever peu à peu sans soutien, sans support apparent, à une hauteur d'environ vingt-cinq ou trente centimètres. Je pus fixer exactement cette distance grâce à un point de repère dont je m'assurai pendant la durée rapide phénomène. Derrière le fakir, se trouvait une tenture de soie servant de portière, rouge, or et blanc, par bandes égales, et je remarquai que les pieds du fakir étaient à la hauteur de la sixième bande. En voyant commencer l'ascension, j'avais saisi mon chronomètre. La production entière du phénomène, du moment où le charmeur commença à s'élever à celui où il toucha de nouveau le sol, ne dura pas plus de huit à dix minutes. Il resta à peu près cinq minutes, immobile dans son mouvement d'élévation.

Aujourd'hui que je réfléchis à cette scène étrange, il m'est impossible de l'expliquer autrement que je ne l'ai fait pour tous ceux que ma raison s'était déjà refusée à admettre..., c'est-à-dire par toute autre cause qu'un sommeil magnétique me laissant lucide, tout en me laissant voir par la pensée du fakir, tout ce qui pouvait lui plaire...

Au moment où Covindassamy me donnait le salam du départ, je lui demandai s'il lui serait possible de reproduire à volonté ce dernier phénomène: «Le fakir, me répondit-il d'un ton emphatique, pourrait s'élever jusqu'aux nuages. — Comment obtient-il ce pouvoir?» Il me répondit sentencieusement: «Il faut qu'il soit en communication constante, par la prière contemplative, et un esprit supérieur descend du ciel.»

Voici maintenant deux faits également contemporains rapportés par des indigènes; ils ont été publiés, en 1880, dans le *Théosophist*, revue philosophique qui s'imprime à Madras.

Le premier est raconté par Joseph Ootamram Doolabhram, *guru* (directeur) de l'Ecole d'astronomie à Baroda.

> Dans l'année de Samrut 1912 (1856), dit le savant Hindou, j'étais occupé à faire des recherches sur l'ancienne chimie et j'étais en quête d'un maître compétent qui pût me fournir les renseignements dont j'avais besoin. Après beaucoup de recherches, je trouvai dans un temple de Mahader de la ville de Brooch, située sur les bords de la rivière Narboda, un *sangasi* (ascète) qui pratiquait le *yog* (L'extase) et je devins un de ses disciples... C'était un homme d'environ trente-cinq ans, d'une taille un peu au-dessus de la moyenne, d'un extérieur très beau, avec une expression intelligente et des joues colorées d'une teinte rosée particulière que je n'ai jamais vue sur aucun visage humain depuis lors. Sa tête était rasée et il portait la robe couleur safran des sangasis. Il était né dans le Pendjah; nous le connaissions sous le nom et le titre de Narazananaud. Comme tous les hommes de sa caste, il était d'un abord difficile et il ne voulut ni m'accepter pour élève

ni me permettre d'entrer en rapports familiers avec lui jusqu'à ce qu'il se fût assuré, par un interrogatoire minutieux, de la sincérité de mes intentions et de mes capacités pour l'étude du *yog*. Je passe sur les détails et je me contenterai de dire que je finis par atteindre mon but; Narazananaud m'accepta comme élève; je reçus sa bénédiction et je le servis deux ans.

Pendant ce temps, j'appris pratiquement beaucoup de choses que je ne connaissais que théoriquement par la lecture de nos *shastras* (traités de théologie) sacrés; je m'initiai à beaucoup de secrets de la nature et je pus me convaincre, par des preuves nombreuses, du pouvoir que possède l'homme d'en dominer les forces, car mon maître pratiquait, entre autres choses, le *pranayama* ou suspension du souffle[5].

---

[5] Le Pranayama (de *Prana*, respiration) est un exercice religieux consistant il fermer avec le pouce une des deux narines et respirer par l'autre.

On trouve dans l'Oupnek'hat, livre de l'occultisme indien cité par Eliphas Lévy dans son *Histoire de la magie*, p, 71:

« Pour devenir Dieu, il faut retenir son haleine, c'est-à-dire l'attirer aussi longtemps qu'on le pourra et s'en gonfler pleinement ; en second lieu, la garder aussi longtemps que l'on pourra et prononcer quarante fois en cet état le nom divin de AUM; troisièmement, expirer aussi longtemps que possible en envoyant mentalement son souffle à travers les cieux se rattacher à l'éther universel.

« Dans cet exercice, il faut se rendre comme aveugle et sourd, et immobile comme un morceau de bois. Il faut se poser sur les coudes et sur les genoux, le visage tourné vers le nord ; avec un doigt on ferme une aile du nez, par l'autre on attire l'air, puis on la ferme avec un doigt en pensant que Dieu est le créateur, qu'il est dans tous les animaux, dans la fourmi comme dans l'éléphant; on doit rester enfoncé dans ses pensées.

Je ne prétends point expliquer, dans le langage de la science occidentale, les effets produits dans le corps humain par cette branche du *Yog vidya* (union mystique de l'âme avec Dieu) ; mais ce que je puis dire, c'est que, pendant que le *sangasi* était absorbé et en contemplation dans l'accomplissement de son *pranayama*, assis dans la posture prescrite du *padmazan*[6], son corps était élevé au-dessus du sol d'une hauteur de quatre doigts et restait suspendu en l'air durant quatre ou cinq minutes à la fois et je pouvais passer ma main au-dessous de lui, m'assurant ainsi que la lévitation est un fait bien réel.

Le second récit fait partie d'un article signé Bubu Khrisna.

Il y a environ trente ans, lorsque j'étais un petit garçon de dix ans, à Bénarès, je vis un de mes parents, nommé Amarchand Maitreyer, qui était connu dans la ville pour la pratique du *yoga dharma* (loi d'union en Dieu), Ce vénérable vieillard pouvait élever son corps

---

« D'abord on dit AUM 12 fois et pendant chaque aspiration il faut dire AUM 80 fois, puis autant de fois qu'il est possible.

" Faites tout cela pendant trois mois, sans crainte, sans paresse, mangeant et dormant peu; au quatrième mois, les dévas se font voir, à vous; au cinquième, vous aurez acquis toutes les qualités des dévatas ; au sixième, vous serez sauvé, vous serez devenu Dieu. »

[6] Le Pamadzan (*litt.* assis sur le lotus) est la posture d'un religieux dans la méditation, assis les ,jambes croisées; elle symbolise Bramha assis sur le lotus.

dans l'air un pied et demi au-dessus du sol et rester suspendu ainsi plus d'un quart d'heure. Ses deux petits-fils et moi, qui avions à peu près le même âge, nous lui demandâmes, avec une curiosité enfantine, le secret de ce phénomène, et je me souviens très bien qu'il nous dit que, par le *kumbha*[7] yoga, le corps humain devient plus léger que l'air qui l'entoure et peut ainsi flotter au-dessus du sol. Cette explication nous parut suffisante[8].

On m'a communiqué en outre le récit suivant, signé *Bavadjée D. Natts* et daté de novembre 1885.

Il y a dix ans, je voyageais avec un *biragi* (ascète), lorsque nous arrivâmes près du *ashrma* (loge) d'une petite confrérie de mystiques au sud de l'Inde. Je priai mon compagnon de m'attendre au prochain village, ajoutant que j'avais quelque chose à faire à la loge, mais il voulut absolument m'accompagner pour faire la connaissance des occultistes. La loge est entourée de deux collines; au fond de la vallée, il y a un petit bois et une rivière au delà; d'un autre côté, il y a un souterrain qui conduit à un temple bien connu appelé Hanman situé au sommet de la colline. Je ne savais que faire de mon compagnon. Nous passâmes la nuit dans le petit bois, décidés à entrer le lendemain dans la vallée. Aussitôt que nous fûmes étendus pour dormir, à 8 heures du soir environ, mon compagnon reçut psychiquement

[7] Le Kumbha est encore un exercice religieux consistant à clore le nez et la bouche pour retenir son haleine.

[8] Cf. l'expérience de Brewster rapportée dans le chapitre IV.

un avertissement lui disant de quitter de suite le lieu; il crut que c'était un effet de son imagination et, comme il avait une forte volonté, il résolut de rester quoi qu'il pût arriver. Au bout de quelques minutes, il sentit une main énorme et puissante qui se saisit de lui; et, en une demi-minute, il fut transporté hors du bois, sur le bord opposé de la rivière, et jeté sans connaissance sur le sol; je traversai la rivière et, après que je l'eus magnétisé quelque temps, il revint à lui. Il n'avait point de mal, mais se sentait très faible quoique pas nerveux. Il me dit qu'il avait perdu conscience, seulement au moment où il fut jeté à terre et qu'il avait parfaitement senti l'énorme main de l'élémental[9]. Il voulut alors essayer d'entrer

[9] D'après les théories des théosophes de l'Inde, les élémentaux (*Dévatas*) sont les génies ou démons que nos anciennes traditions désignaient sous les noms de *gnômes*, *sylphes*, *ondines* ou *salamandres*, suivant qu'ils existent dans la terre, dans l'air ou dans le feu: ils sont d'une essence entièrement différente de la nôtre. Les initiés (*mahatmas*) peuvent arriver, grâce à des procédés qu'ils tiennent secrets et qu'on appelle en sanscrit *Yalastambha*, à repouser les élémentaux et à les empêcher d'avoir prise sur eux pendant un certain temps: c'est ainsi que le Bustambka ou art de repousser les élémentaux de la terre, permet à certains yoghis de s'enterrer impunément pendant plusieurs mois. De même, par le *Vaju stambha* (art de repousser les élémenteaux de l'eau, d'autres yoghis se mettent en état de flotter sur l'eau, sans aucun vêtement, jour et nuit, pendant 4 ou 5 semaines ; d'autres encore s'abandonnent à l'*Agnistambha* qui leur permet de braver les atteintes du feu, etc.

Au-dessus des élémentaux sont les *Dyan chohans*, esprits supérieurs qui président aux mouvements des mondes ; c'est parmi eux qu'il faudrait ranger *l'Esprit de la terre* auquel croyait le grand Kepler.

On voit que les Hindous suivent les traditions des philosophes néoplatoniciens, qui, ayant constaté le développement dans la vallée par l'autre côté; nous nous rendîmes sur la colline où était bâti le temple; là, nous trouvâmes l'entrée du souterrain qui conduisait à la Loge. Alors nous entendîmes une voix forte et claire qui avertissait mon compagnon de ne pas persister dans son projet; on lui disait que ces deux premières tentatives seraient pardonnées, mais qu'une troisième pourrait lui coûter la raison. C'était un homme déterminé ; aussi ne fit-il pas attention à la voix de l'*Asarivi-vak* (voix du monde sans forme). A peine eut-il formulé cette résolution dans son esprit qu'il devint inconscient et fut transporté à quelque distance au-dessous, dans un lieu de repos où nous nous étions arrêtés en montant. Une fois là, il revint à lui.

Les gens qui se trouvaient dans cet endroit ne pouvaient comprendre comment il y était revenu si vite. Au moment où il avait été enlevé, je m'étais mis à descendre la colline et il me fallut une heure pour le rejoindre ; quand j'y fus parvenu, les assistants m'affirmèrent que mon ami était au milieu d'eux depuis une heure,

---

progressif de la vie, du grain de sable au cristal, du cristal à la plante, de la plante à l'animal, ne pouvaient admettre qu'elle s'arrêtât brusquement à l'homme et qu'il y eût une lacune dans la création entre l'homme et Dieu; ils ont été conduits ainsi à personnifier les forces de la nature et, comme nous ne savons pas plus qu'eux ce que sont ces forces, nous serions fort embarrassés pour les contredire.

Au-dessous des élémentaux, les Hindous placent les élémentaires (*pisachas-schells*), esprits plus ou moins mauvais et peu intelligents qui habitent l'atmosphère de la terre. Ce sont eux dont se servent les magiciens noirs (*Doug-pas*) pour jouer leurs mauvais tours et auxquels on attribue la plupart des phénomènes du spiritisme, Les Élémentaires paraissent avoir personnifié dans l'origine les passions humaines.

se lamentant sur son sort; alors il comprit sa faute et consentit à m'attendre. Sans entrer dans plus de détails, je dirai que, de tout temps, cette Loge a été gardée par deux puissants élémentaux qui arrêtent ceux qui veulent y pénétrer malgré eux.

Quelque temps après cette aventure, un de mes amis (un gradué de l'Université) et moi, nous nous liâmes avec un yoghi. Nous passions presque tout notre temps auprès de lui et il nous enseignait. Il avait l'habitude de se lever à trois heures du matin et il s'en allait vers la rivière près de sa maison pour ne revenir que le soir. Mon ami, poussé par une vive curiosité, me proposa un jour de nous lever avant le yoghi et d'aller l'attendre vers la rivière pour voir ce qu'il faisait; je cédai non sans quelque répugnance. Ce soir-là, lorsque nous allâmes chez lui, le yoghi sourit et nous dit : " Vous voulez savoir ce que je fais vers la rivière; eh bien! vous n'avez pas besoin de faire les espions; j'irai vous chercher demain matin et nous irons ensemble.

Il le fit. Tous les trois, montés sur des pierres qui étaient dans la rivière, nous lavâmes nos habits, selon la mode hindoue, avant de nous baigner. Après que mon ami et moi nous nous fûmes baignés et que nous eûmes accompli notre *Sandhzavandana* (cérémonie), nous cherchâmes des yeux le yoghi; mais impossible de le trouver: il était environ 4 heures du matin et la lune brillait encore. Nous appelâmes également en vain. Nous crûmes alors qu'il avait été entraîné par le courant et qu'il s'était noyé, lorsque nous vîmes apparaître, sur la surface de l'eau, l'ombre de la belle forme du mystique drapé dans ses vêtements jaunes. Nous levâmes les yeux et nous l'aperçûmes lui-même couché de toute sa longueur comme s'il dormait sur un lit d'air à 30 pieds au-dessus de nos têtes. À la pointe du jour, nous le vîmes descendre lentement jusqu'à ce qu'il tombât doucement sur l'eau ; il se baigna alors et revint à la maison avec nous.

Depuis ce jour, nous vîmes le yoghi soulevé et flottant sur l'eau pendant environ deux heures et demie chaque matin.Cette expérience se continua pendant un mois, Le yoghi s'appelait *Ramagiri Swami.*

Voici comment le même auteur explique le phénomène de la lévitation:

La lévitation dans l'air, au mépris de la loi de la gravitation affirmée par la science moderne, ne peut s'expliquer que par la théorie de l'attraction et de la répulsion universelle. Si les médiums sont soulevés, c'est qu'ils sont, pour un temps, rendus complètement *positifs* par rapport au magnétisme de la terre, qu'on est convenu d'appeler *positif.* Il y a dans chaque organisme humain, comme dans le reste de la nature, les deux magnétismes, le positif et le négatif. Ce que nous appelons la vie n'est que le résultat de l'action et de la réaction constante de ces forces positives et négatives; la cessation on l'équilibre de ces forces, c'est la mort. Mais cette observation ne s'applique pas aux Yoghis ; les occultistes peuvent à volonté produire cet équilibre dans leur nature physique sans mourir, ce qui est le cas pour les Fakirs de l'Inde qui s'ensevelissent dans la terre même pendant quarante jours.

Si nous étions matériellement tout à fait négatifs, nous serions enracinés comme des arbres; si nous étions complètement positifs, nous ne pourrions pas rester un seul moment sur la terre, mais nous serions toujours repoussés de sa surface, car les forces positives se repoussent. Lorsque nous sautons pendant un moment par notre volonté, nous nous rendons positifs; lorsque nous nous tenons ou nous asseyons sur la terre, nous nous rendons tout à fait négatifs par rapport à la terre. Comme notre force de volonté n'est pas développée et par conséquent pas aussi forte que celle d'un occultiste, nous ne pouvons être enlevés, et, si nous nous tenons debout ou que nous restions assis trop longtemps, nous sommes fatigués et nous avons besoin de changer de position.

CHAPITRE II

CAS EMPRUNTÉS À L'HISTOIRE PROFANE DE L'OCCIDENT

Si de l'Orient nous passons à l'Occident, nous trouvons des exemples de lévitation consignés par centaines.

Les *Constitutions apostoliques* (1. VI), Arnobe (*Traité contre les Gentils*, 1. II) et Sulpice Sévère (*Hist. sacra*, 1. II. c. XXVIII) ont rapporté la mésaventure de Simon le Magicien qui, après s'être élevé dans les airs sous les yeux de Néron et du peuple assemblé, fut précipité à terre et se brisa la cuisse.

«J'ai vu, dit ailleurs Sulpice Sévère (Dial. 3 ch. VI), un possédé élevé en l'air, les bras étendus à l'approche des reliques de saint Martin.»

Pendant la cérémonie d'initiation de Julien l'Apostat aux mystères de Diane à Ephèse, l'initiateur, le philosophe Maxime, s'éleva dans les airs avec l'initié, (LAMEY, *Vie de Julien l'Apostat*).

Saint Paulin, dans la *Vie de saint Félix de Nole*, atteste *avoir vu* un possédé marcher contre la voûte d'une église la tête en bas, sans que ses habits fussent dérangés.

Jamblique cite, parmi les prodiges opérés par certains hommes, le transport aux lieux inaccessibles et par-dessus les fleuves.

> Je veux en cela aussi t'indiquer à quels signes on reconnaît ceux qui sont vraiment possédés par les dieux ..... Voici un signe capital: beaucoup d'entre eux ne sont point brûlés par le feu, car le feu ne les peut toucher à cause de l'inspiration divine qui est en eux; et beaucoup, si on les brûle, ne le perçoivent pas, parce qu'alors ils ne vivent pas de la vie animale. D'autres, traversés par des pointes de fer, ne le sentent point; d'autres reçoivent dans le dos des coups de hache ou se tailladent les bras avec des poignards sans s'en apercevoir. Leurs actions n'ont aucun caractère humain; le transport divin les fait passer où l'on ne peut pas passer, ils se jettent dans le feu, ils marchent dans le feu, *ils traversent les fleuves*, comme la prêtresse Kastabalienne...
>
> Il y a de nombreuses formes de la possession divine... Dans ces différents cas, les signes que présentent les inspirées sont divers:... quelquefois le corps semble croître ou se gonfler, ou *être emporté très haut dans les airs* ...[10]

Christine de Pisan, dans son *Histoire de Charles V*, parle de Guillemette de la Rochelle, qui était «moult femme solitaire et de grant contemplation, tant que j'ay oy recorder à des gens dignes de foy que,

---

[10] *Le Livre des mystères*, 3e partie, trad. de P, Quillard.

en sa contemplacion, on l'a aucune fois veu soulevée en l'air plus de deux pieds».

Voici ce qu'on trouve dans le *Mystique*, de *Görres* :

> L'évêque de Pampelune, Fr. de Sandoval, dans son *Histoire de Charles-Quint*, raconte le fait suivant, à l'occasion d'un procès de sorcières qui fut porté devant le conseil d'Etat de la Navarre, voulant se convaincre par ses propres yeux de la vérité des faits dont on accusait les sorcières, il promit sa grâce à l'une d'elles, si elle voulait exercer, en sa présence, ses œuvres magiques. Elle accepta la proposition et demanda seulement qu'on lui rendit sa boîte d'onguent qu'on lui avait ôtée. Elle monta sur une tour avec le commissaire et beaucoup d'autres personnes; puis, s'étant mise à une fenêtre, elle se frotta avec son onguent la paume de la main, les reins, les articulations du coude, la partie inférieure du bras, les épaules et le côté gauche. Puis elle cria d'une voix forte: «Es-tu là?» Et tous les assistants entendirent dans l'air une voix qui répondit: «Oui, j'y suis». La magicienne se mit alors à descendre de la tour, en se servant de ses pieds et de ses mains comme un écureuil. Lorsqu'elle fut arrivée à peu près au milieu de la tour, elle prit son vol, et les assistants la suivirent des yeux jusqu'à ce que l'horizon l'eût soustraite à leurs regards. Tous étaient dans la stupéfaction, et le commissaire fit annoncer publiquement que celui qui livrerait de nouveau cette femme aurait, pour récompense, une somme d'argent

considérable, Elle fut ramenée au bout de deux jours par des bergers qui l'avaient trouvée. Le commissaire lui demanda pourquoi elle n'avait pas volé plus loin, afin d'échapper à ceux qui la cherchaient. Elle répondit que son maître n'avait voulu l'emporter qu'à trois lieues de chemin et l'avait laissée dans un champ où les bergers l'avaient trouvée.

Calmeil (*de la Folie*, t. 1er, p. 244) raconte l'aventure du docteur Torralba, savant renommé qui, en 1519, prétendit être venu d'Espagne à Rome à travers l'atmosphère, à cheval sur un bâton, et. qui, en 1525, annonça aux habitants de Valladolid le sac de Rome, le lendemain du jour où il avait eu lieu, disant qu'il venait d'y assister du haut des airs.

Un respectable missionnaire de la fin du dernier siècle nommé Delacour, dans une lettre adressée à M. Vinslow, rapporte un fait dont il a été témoin oculaire et que Calmeil cite également dans son *traité de la Folie* (t. II, p. 417). Il s'agit d'un jeune indigène âgé de dix-huit à dix-neuf ans qu'on croyait possédé du démon et qu'on lui avait amené pour le guérir.

Je m'avisai, dans un exorcisme, raconte-t-il, de commander au démon de le transporter au plancher de l'église les pieds les premiers et la tête en bas. Aussitôt son corps devint raide comme s'il eût été impotent de tous les membres, il fut traîné du milieu de l'église à une colonne et là, les pieds joints, le dos collé à la colonne, sans s'aider de ses mains, il fut transporté en un clin d'œil au plancher comme un poids qui serait attiré d'en haut avec vitesse, sans qu'il parût qu'il agît. Suspendu au plancher, la tête en bas, je fis avouer au démon, comme je me l'étais proposé, la fausseté de la religion païenne.. Je le tins plus d'une demi-heure en l'air, et, n'ayant pas eu assez de constance pour l'y tenir plus longtemps, tant j'étais effrayé de ce que je voyais, je lui ordonnai de le rendre à mes pieds sans lui faire de mal... Il me le rejeta sur le champ, comme un paquet de linge sale, sans l'incommoder.

Un autre missionnaire nous dit[11] : «Je vis un Indien que j'allai baptiser, transporté tout à coup du chemin qui le conduisait à l'église dans un autre.» Ce prêtre, qui habitait près de Canton ajoute « que ces faits n'étaient pas rares dans les pays idolâtres et qu'il n'était pas le seul à les avoir observés».

On lit dans les *Mémoires* de Fléchier *sur les grands jours de Clermont* (p. 69), l'anecdote suivante : «Lorsque nous fûmes arrivés, nous trouvâmes au logis M. l'intendant qui revenait d'Aurillac, et qui avait eu bien de la peine à se tirer des neiges. — Il avait fait arrêter un président de l'élection de Brioude qu'on accusait de plusieurs crimes et plus particulièrement de magie. Un de ses valets déposait qu'il lui avait donné des caractères qui le faisaient quelquefois *élever de terre* lorsqu'il allait l'église, à la vue de tout le monde.»

Un savant bénédictin, D. La Taste, qui fut témoin oculaire des prodiges opérés par les convulsionnaires de Saint-Médard, dit, en parlant de Mlle Thévenet :

> Elle s'élevait de temps en temps à sept ou huit pieds de hauteur et jusqu'au plancher;

[11] Lettres édif., t. V II, p. 303

et, en s'élevant, elle emportait à trois pieds de terre deux personnes qui pesaient sur elle de toutes leurs forces. Les physiciens ne verront-ils ici que la nature?

Événement plus prodigieux en un sens, événement horrible! Pendant que Mlle Thévenet s'élève, la tête en haut, ses jupes et sa chemise se replient comme d'eux-mêmes sur sa tête. La nature a-t-elle jamais opéré de tels effets, ou peut-elle en opérer?[12]

J'ai connu, il y a quelques années, dans l'Ardèche, une stigmatisée, désignée ordinairement sous le nom de la *Sainte de Coux*. Elle était sujette à de fréquents ravissements, au sujet desquels Mme D... a bien voulu me donner les détails suivants :

... Je la vis avec un profond étonnement rester les yeux fixes, mais animés, s'élever peu à peu de dessus la chaise où elle était assise, étendre les bras en avant, ayant le corps penché dans cette même direction, et demeurer ainsi suspendue, sa jambe droite repliée sous elle, l'autre ne touchant à terre que par l'orteil. C'est dans cette position impossible à toute personne, dans un état naturel, que j'ai vu Victoire toutes les fois qu'elle était dans ses ravissements extatiques, alors que j'avais le bonheur de la visiter très régulièrement deux fois par semaine. Pendant ces visites, elle avait deux ou trois extases qui duraient de dix à vingt-cinq minutes. Je l'ai vue dans cet état plus de mille

[12] *Lettres théologiques,* Avignon, 1739, t. II, p. 1310.

fois, surtout pendant les premières années de notre liaison[13].

M. Brown-Séquard raconte qu'en 1851, il fut témoin d'un cas d'extase chez une jeune fille qui, tous les dimanches, à huit heures du matin, montait sur le bord arrondi et lisse de son lit, et y restait toute droite sur la pointe des pieds, jusqu'à huit heures du soir, dans l'attitude de la prière, la tête renversée en arrière.

Chardel dit[14] avoir entendu, il y a quelques années, à Paris, dans une réunion mystique, une somnambule de quatorze ans déclarer, au milieu d'un salon, que le ciel était ouvert à ses yeux, et annoncer que, Pâques avenant, *la ferveur de ses prières l'élèverait et la soutiendrait en l'air*, entre le parquet et le plafond. «On sent bien, ajoute-t-il, que le miracle ne s'accomplit pas; mais la jeune fille, dont la foi se trouvait ainsi déçue, faillit devenir folle.»

M. de Mirville va plus loin et il affirme[15] avoir vu dans un salon magnétique très avancé «des somnambules *voler* autour des lustres».

Voici enfin d'autres faits que je trouve dans des compilations, sans indication suffisante de sources, mais que je cite pour montrer que le phénomène s'est reproduit dans les circonstances les plus diverses.

Saint Paulin atteste avoir vu, de ses yeux, un possédé marcher la tête en bas contre la voûte d'une église.

---

[13] Cette femme et sa fille, qui couchait avec elle, prétendaient qu'elle était souvent, la nuit, transportée soit sur le toit des maisons voisines, soit dans le torrent d'Ouvèze, d'où la même force invisible la ramenait toute mouillée dans son lit.

[14] *Essais de Psychologie physiologique,* 1844, p. 293.

[15] *Des Esprits,* 1858, p. 301.

Mollet rapporte qu'en 1620, deux pasteurs protestants étaient auprès d'une femme malade couchée dans son lit lorsqu'ils la virent bondir, s'élever jusqu'à une hauteur de 7 à 8 pieds et qu'elle resta en l'air jusqu'à ce que leurs efforts l'eussent contrainte à rentrer dans son lit. Horst raconte un fait semblable dans sa Deutéroscopie.

Le *Rituel des exorcismes* classe, du reste, parmi les signes qu'il est nécessaire de constater pour établir la possession, *la suspension en l'air du corps du possédé pendant un temps considérable.*

M. Léopold Delisle a récemment étudié[16] un manuscrit de la bibliothèque vaticane, écrit en 1428, par un Français attaché à la cour pontificale. Ce manuscrit est une chronique ayant pour titre *Breviarium historiale*, qui se termine par quelques détails sur Jeanne d'Arc alors vivante et combattant les Anglais. «Qu'elle soit, dit le chroniqueur, exempte de superstitions et de sacrilèges, c'est ce qu'on reconnaîtra aisément à trois caractères qui empêchent de confondre les miracles accomplis par les bons avec ceux des mauvais. Les premiers s'opèrent au nom de Dieu. Ils ont toujours une véritable utilité, tandis que les autres aboutissent à des maux ou à des futilités, *comme quand on vole dans les airs*, ou qu'on plonge les membres d'un homme dans l'engourdissement.»

En 1612, à Beauvais, une vieille mendiante nommée Denyse Lacaille fut traitée de possédée et exorcisée par le père Pot, religieux jacobin. Pendant l'opération «tout à coup elle s'éleva en l'air, les pieds hors de terre, et beuglant horriblement. Des gens d'église et des dévotes craignant que la créature agitée

---

[16] Comm. faite à l'Acad. des Inscr.. et Belles-Lettres le 23 oct. 1885.

ne vînt à se découvrir, lui tenaient les pieds par charité. (GARINET, *Histoire de la Magie en France*, p. 191.)

En 1491, tout un couvent de filles à Cambrai, est en proie aux malins esprits qui les tourmentent pendant quatre ans. Elles courent la campagne, s'élancent en l'air grimpent sur les toits et aux troncs des arbres comme des chats. Quelques-unes prédirent l'avenir. (DEL RIO, *Disquisitiones magicae.* — DELANCRE, *De l'Incrédulité et mécréance.*)

Calmeil, dans son traité *de la Folie* (tome Ier, p, 255), cite un couvent à Uvertat, dans le comté de Hoorn où, au milieu du XVIe siècle, après un carême où les nonnes avaient été soumises à un jeûne austère, elles tombèrent dans des crises convulsives, quelques-unes, éprouvant la difficulté de se tenir en équilibre sur les articulations, marchaient sur les genoux en traînant les jambes derrière elles; d'autres s'amusaient à grimper au haut des arbres, *d'où elles descendaient les pieds en l'air et la tête en bas... Par instants, elles bondissaient en l'air,* et retombaient avec force sur le sol. Elles se sentaient entraînées hors du lit et glissaient sur le parquet, comme si on les eût tirées par les jambes. Presque toutes avaient sous la plante des pieds, une sensation de brûlure ou de chatouillement qu'on trouve souvent mentionnée dans le récit des crises analogues.

Je terminerai ce chapitre par un extrait de l'ouvrage publié récemment par le célèbre naturaliste Sir ALFRED RUSSEL WALLACE, sous le titre : *les Miracles et le Moderne Spiritualisme.*

«Lord Orrery et M.Valentin Greatrak ont tous deux informé le docteur Henry More et M. Glanvil que chez lord Convay, à Ragley, en Irlande, un sommelier de ce gentleman, en leur présence et en plein jour, s'est élevé dans l'air et a flotté dans l'atmosphère, par toute la chambre au-dessus de leurs têtes. Cela est relaté par Glanvil, dans son *Sadducismus Triumphatus*... M. Madden, dans sa *Biographie de Savonarole*, après avoir raconté de ce moine une pareille circonstance, remarque que de tels phénomènes ont été signalés à de nombreuses reprises, et que l'évidence sur laquelle reposent les récits qu'on en fait est aussi digne de foi que peut l'être aucun témoignage humain ... Enfin, nul de nous n'ignore que l'on peut trouver, à Londres, au moins cinquante personnes d'un haut caractère qui certifieront avoir constaté la même chose au sujet de M. Home.» (P. 16-17.)

CHAPITRE III

CAS EMPRUNTÉS AUX HAGIOGRAPHES

Dans le chapitre XXXII du tome II de la *Mystique divine*, l'abbé Ribet, professeur de théologie morale au grand séminaire d'Orléans, rapporte un grand nombre de cas de lévitation attribués à des saints. Je préfère le citer textuellement, en me bornant à supprimer les textes originaux donnés en latin par l'auteur, au bas des pages[17].

> Les êtres corporels sont reliés entre eux, comme les anneaux d'une longue chaîne, par des actions et des réactions qui se prolongent et se répercutent jusqu'aux derniers confins du monde physique. À chaque point de l'espace matériel, s'inscrit la résultante des actions réciproques qu'exercent les unes sur les autres les parties qui le composent.
>
> Considérée en général cette loi primordiale de la matière, qui met ses éléments constitutifs en relation de dépendance, de

---

[17] Dans l'Ancien Testament (Daniel, XIV, 35), on trouve l'histoire d'Habacuc qui fut transporté à travers les airs, du pays de Judée aux terres de la Chaldée. Elisée s'enleva aussi dans les airs.

liaison ou, comme s'expriment les philosophes scholastiques, de continuité, porte le nom d'attraction ; et, appliquée au rapport avec la masse terrestre des objets qui l'environnent, c'est ce que nous appelons la pesanteur. Tous les corps sont soumis à l'attraction impérieuse qui les pousse vers le centre de la terre, jusqu'à ce que l'équilibre soit établi entre l'action et la résistance; les corps vivants eux-mêmes la subissent. Cependant la vie organique est une sorte de lutte et de réaction contre cet asservissement de la matière par la matière, et, plus le principe de la vie est puissant et dégagé, plus le corps qu'il anime et qu'il commande semble soustrait aux servitudes extérieures. Une âme vaillante communique aux membres et aux organes quelque chose de la prestesse et de l'agilité de l'esprit.

Dans la vie mystique, cette spiritualisation est souvent portée jusqu'au miracle. Laissant de côté les phénomènes ordinaires, qui résultent de la simple influence de l'âme sur le corps, comme une marche facile, légère, précipitée, des mouvements vifs et rapides, sous l'impulsion d'un transport intérieur: faits, d'ailleurs, dont nous avons signalé le caractère merveilleux en parlant de l'extase et de la jubilation; — présentement, nous voulons seulement mentionner ces dérogations à la loi physique de la pesanteur que l'action vitale ne suffit pas à expliquer.

Elles se produisent principalement dans l'extase et à des degrés divers. Il est peu d'extatiques qui n'aient été vus, une fois ou une autre, dans leurs ravissements, élevés au-dessus de terre, suspendus en l'air sans appui, flottant parfois et se balançant au moindre souffle.

«Dans le ravissement, écrit d'elle-même sainte Térèse, mon corps devenait si léger qu'il n'avait plus de pesanteur, à ce point, que, quelquefois, je ne sentais plus mes pieds toucher à terre[18].» Lorsque Marie d'Agréda était saisie par l'extase, son corps s'élevait également comme s'il n'eût eu aucun poids naturel, et un souffle, même lointain, la faisait osciller et mouvoir comme une plume légère. On citerait de ces exemples par centaines. On raconte en particulier de plusieurs saints prêtres, entre autres de Saint Pierre d'Alcantara, de saint Philippe de Néri, de saint François-Xavier, de saint Joseph de Copertino, de saint Paul de la Croix, qu'ils avaient à l'autel de ces extases aériennes.

---

[18] Voici la suite de ce passage intéressant de la vie de sainte Térèse, écrite par elle-même (chap. XX).

« Tant que le corps est dans le ravissement, il reste comme mort et souvent dans une impuissance absolue d'agir. Il conserve l'attitude où il a été surpris ; aussi il reste sur pied ou assis, les mains ouvertes ou fermées, en un mot dans l'état où le ravissement l'a trouvé....

« On ne peut presque jamais résister au ravissement. Parfois je pouvais opposer quelque résistance ; mais, comme c'était en quelque sorte lutter contre un fort géant, je demeurais brisée et accablée de lassitude. D'autres fois, tous mes efforts étaient vains ; mon âme était enlevée, ma tête suivant presque toujours le mouvement sans que je pusse la retenir ; et quelquefois même mon corps était enlevé de telle sorte qu'il ne touchait plus à terre... Lorsque je voulais résister, je sentais sous mes pieds une pression étonnante qui m'enlevait. »

A. R.

Parfois, ce n'est pas une simple élévation au- dessus du sol, mais une véritable ascension dans les airs. Dominique de Jésus-Marie, religieux carme, si célèbre par ses extases, s'élevait au point que ses frères pouvaient à peine, en étendant leurs bras, toucher la plante de ses pieds. Saint Pierre d'Alcantara atteignait quelquefois, dans ses transports, jusqu'aux lambris du chœur. Un jour de l'Ascension, tandis qu'elle psalmodiait au jardin entre deux de ses compagnes, la bienheureuse Agnès de Bohème, soudainement ravie, s'éleva à leurs yeux dans les airs, où elles la perdirent bientôt de vue; et ce ne fut qu'après une heure qu'elle reparu, le visage rayonnant de grâce et de joie. Plusieurs fois, pendant ses oraisons contemplatives, sainte Colette disparaissait entièrement dans l'espace, aux regards de ses sœurs.

Certaines extases impriment au corps un mouvement prompt et impétueux que l'on a justement qualifié de vol. Saint Pierre d'Alcantara, entendant chanter dans le jardin du couvent, par un frère qui s'exerçait à l'office, les premières paroles de l'Évangile selon saint Jean: *In principio erat Verbum* , est soudain ravi hors de lui-même; et, se ramassant en boule par une sorte d'instinct irrésistible, ne touchant plus à terre, il s'élance, traverse avec une incroyable célérité, sans blessure ni accident, trois portes fort basses qui conduisaient à l'église, et vient se reposer devant le grand autel, où ses frères qui couraient après lui le retrouvèrent abîmé dans l'extase. Il lui arrivait souvent de s'agenouiller au pied des arbres, et là, saisi par l'extase, il s'élevait, avec la légèreté de l'oiseau, jusqu'aux plus hautes branches. Le bienheureux Philippin, lui aussi de l'Ordre de Saint-François, demeurait suspendu dans les airs, par-dessus les grands chênes, comme un aigle qui plane librement.

Ces prodiges surabondent dans la vie du bienheureux Joseph de Copertino. On le voyait s'envoler aux voûtes de l'église, sur les bords de la chaire, le long des murailles où pendaient le crucifix ou quelque image pieuse, vers la statue de la sainte Vierge et des Saints, planer sur l'autel et au-dessus du tabernacle, s'élancer dans les airs et aux cîmes des arbres, se tenir et se balancer sur les plus petites branches avec la légèreté d'un oiseau, franchir d'un bond de grandes distances. Une parole, un regard, le moindre incident ayant trait à la piété le jetaient dans ces transports. Nous voudrions pouvoir décrire quelques-unes de ces scènes que le monde taxerait d'étranges et de ridicules, et que nous trouvons admirables parce qu'elles attestent la merveilleuse puissance des âmes saintes sur le corps et sur la nature, et mieux encore sur le cœur de Dieu, qui les affranchit à son gré des servitudes vulgaires; mais ces descriptions prolongées n'entrent point dans notre dessein.

L'agilité surnaturelle se manifeste encore hors de l'extase, et sous les formes multiples que nous venons de décrire. Marguerite du Saint-Sacrement passait presque instantanément d'un point à un autre. On la trouvait au chœur, à l'infirmerie, à la salle des exercices, sans même que les portes fussent ouvertes, et, plusieurs fois, ses sœurs la virent soulevée au-dessus du sol, comme si son corps n'avait plus de pesanteur. Un jour qu'elle allait cueillir un raisin pour une malade, elles l'aperçurent s'élevant comme sans effort jusqu'à la hauteur du fruit, le détacher et revenir à terre. Anne-Catherine Emmerich raconte d'elle-même que, remplissant les fonctions de sacristine, elle grimpait et se tenait debout sur les fenêtres, sur les corniches, sur des ornements en relief; qu'elle nettoyait tout en des endroits humainement inaccessibles, sans éprouver de frayeur ni d'inquiétude, accoutumée qu'elle était, dès l'enfance, à être assistée par son bon ange, et se sentant d'ailleurs portée et soutenue en l'air par une invisible vertu.

Non seulement l'agilité et la simple ascension se rencontrent hors de l'extase, mais encore le vol dans ce qu'il a de plus merveilleux. Sainte Christine, surnommée l'Admirable, nous en offre un incomparable exemple. Nous n'avons pas à discuter ici le caractère historique des étonnantes excentricités attribuées à cette sainte, que les Bollandistes eux-mêmes qualifient de paradoxale; il nous suffit que ces savants auteurs aient accepté les récits qui la concernent et les aient déclarés, dans la partie du moins que nous alléguons, dignes de respect et de créance. Omettre de tels récits par crainte du scandale que l'incrédulité peut s'en faire, serait céder, à un respect humain qui aurait dû nous arrêter depuis longtemps et qui nous paraît aussi contraire à la piété qu'à la science. Voici, en quelques mots, le précis de cette singulière existence.

Christine naquit à Saint-Trond, dans la province de Liège, vers le milieu du XIIe siècle. Orpheline de bonne heure, elle demeura avec deux sœurs, ses aînées, et fut occupée à garder les troupeaux dans les champs, Mais, activées par la contemplation, les ardeurs de son âme devinrent si intenses, que son corps ne put y résister. Elle tomba malade et mourut. Le lendemain, on porta sa dépouille à l'église pour la cérémonie des funérailles. À l'*Agnus Dei* de la messe qu'on célébrait pour elle, on la vit tout à coup se remuer, se lever dans son cercueil et s'envoler, comme un oiseau, jusqu'à la voûte du temple. Tout le monde s'enfuit épouvanté, à l'exception de la sœur aînée, qui demeura là immobile, mais non sans frayeur, jusqu'à la fin de la messe. Sur le commandement du prêtre, Christine descendit sans se faire aucun mal et s'en revint à la maison, où elle prit son repas avec ses sœurs. Elle raconta ensuite aux amis venus pour la questionner, qu'aussitôt après sa mort, les anges l'avaient successivement transportée au purgatoire, dans l'enfer, au paradis. Là, le choix lui avait été donné de demeurer à jamais dans ce lieu ou de retourner sur la terre pour y travailler, par ses souffrances, au rachat des âmes du purgatoire, ce qu'elle avait accepté sans hésitation.

Le purgatoire ne devait point lui manquer, car dès lors commence pour cette admirable vierge la vie la plus étrange. La présence et l'odeur des hommes lui est insupportable; pour l'éviter elle s'enfuit dans les déserts, s'envole sur les arbres, au sommet des tours, aux pignons des églises, sur tous les points élevés. On la croit possédée, on la poursuit, on l'atteint à grand'peine et on la lie avec des chaînes de fer. Mais elle se dégage et reprend ses courses aériennes, allant d'un arbre à l'autre comme l'eût fait un oiseau. La faim cependant la presse, elle invoque alors le Seigneur, et, contre toutes les lois de la nature, ses seins distillent un lait abondant dont elle se nourrit pendant neuf semaines. Une seconde fois, elle tombe entre les mains de ceux qui la poursuivaient, mais elle leur échappe encore et s'en vient à Liège demander à un prêtre la divine Eucharistie. Munie de cet aliment céleste, elle sort de la ville, emportée par l'esprit avec la rapidité d'un tourbillon, traverse la Meuse, légère comme un fantôme, et recommence sa vie errante, loin des demeures humaines, aux cîmes des arbres et des tours, souvent sur les pieux qui bordaient les haies, sur les branches les plus minces, où elle se reposait et se balançait comme un passereau.

Honteux de ces apparentes extravagances, que le public attribuait à une légion de démons, ses sœurs et ses amis payèrent pour la ressaisir un méchant homme, très fort, qui se mit à sa poursuite. Ne parvenant pas à l'atteindre de ses mains, il la joignit néanmoins d'assez près pour lui briser l'os de la jambe d'un coup de massue, et ce fut en cet état qu'il la l'amena à ses sœurs. Par compassion, elles la firent conduire sur une charrette à un médecin de Liège, en lui recommandant à la fois et de la guérir et de la retenir captive. Celui-ci l'enferma dans une cave qui n'avait d'autre ouverture que l'entrée, l'attacha fortement à une colonne et referma la porte, après avoir appliqué au membre fracturé les bandages convenables. Dès qu'il fut retiré, Christine rejeta cet appareil, estimant indigne de recourir à un autre médecin que le Seigneur Jésus. Son espoir ne fut pas trompé. Une nuit, l'esprit de Dieu vint fondre sur elle, brisa ses chaînes, la guérit de sa blessure, et elle, libre, de courir et de trépigner de joie dans ce cachot, louant et bénissant Celui pour qui seul elle avait résolu de vivre et de mourir. Bientôt, son esprit se sentant à l'étroit entre ces murs, elle parvint, à l'aide d'une grosse pierre, à s'ouvrir une issue, et, prompte comme le trait qui s'échappe de l'arc puissamment tendu, elle s'élança au dehors et reconquit sa liberté.

Reprise une troisième fois, elle fut liée avec des chaînes à un banc de bois, si étroitement que ses chairs furent bientôt entamées. Accablée de souffrances auxquelles vint s'ajouter le tourment de la faim, elle recourut de nouveau au Seigneur, et l'on vit alors couler de ses mamelles, ainsi que nous l'avons déjà raconté, une huile limpide dont elle arrosa son pain et oignit ses plaies. Attendries à ce spectacle, ses soeurs, jusque-là inhumaines par incrédulité, lui ôtèrent ses chaînes et lui permirent de suivre en toute liberté l'esprit qui l'animait. Elle continua, en effet ses saintes folies pendant de longues années, car il s'écoula quarante-deux ans entre sa première résurrection et sa mort, qui arriva vers l'an 1224.

Cette puissance ascensionnelle se produit quelquefois avec une telle énergie, qu'aucun obstacle n'est capable de la contenir. Ce que nous venons de raconter de Christine l'Admirable suffirait à le prouver; mais ce n'est pas le seul exemple. Signalons encore Saint Joseph de Copertino, en qui semblent se réunir toutes les merveilles de la vie extatique. Un jour de l'Immaculée-Conception, il invite le Père gardien à redire avec lui: *Pulchra Maria*! «Marie est belle!» Et, dès qu'il a répété ces paroles, le saint, entrant en extase, saisit à bras-le-corps son supérieur et l'emporte avec lui dans les airs, l'un et l'autre redisant de concert: *Pulchra Maria*! *Pulchra Maria*! Une autre fois, on lui amène un gentilhomme atteint de démence, pour qu'il obtienne de Dieu sa guérison. Le saint le fait mettre à genoux, et lui posant la main sur la tête: «Seigneur Baltazar, lui dit-il, soyez sans crainte, je vous recommande à Dieu et à sa très sainte Mère ...» Au même instant il pousse le cri accoutumé qui annonce l'extase: «Ah !», saisit cet homme par les cheveux, s'élève avec lui dans l'espace, où il le tient suspendu pendant quelque temps, et, quand ses pieds retrouvent terre, le malade était guéri.

L'ascension aérienne n'est pas la seule forme de l'agilité surnaturelle; elle se produit aussi par la marche sur les eaux. L'Évangile nous en offre les premiers exemples. On sait que le Sauveur marchait sur les flots comme sur la terre ferme, et qu'il accorda au prince des apôtres de s'avancer vers lui sur les vagues agitées. Le prodige s'est reproduit plus de mille fois sur la mer, sur les lacs, les fleuves et les rivières, pour attester que Dieu se plaît à affranchir ses saints des servitudes naturelles.

Le Bréviaire romain signale, parmi les plus éclatants miracles attribués à saint Raymond de Pégnafort, sa traversée de l'île Majorque à Barcelone, c'est-à-dire une étendue de mer de cent soixante milles, que lui et son compagnon franchirent en six heures, sans autre nacelle que son manteau.

Saint Hyacinthe, ne trouvant pas de batelier pour traverser la Vistule, se munit du signe de la croix et entra résolument dans le fleuve, dont les eaux devinrent fermes sous ses pieds. Mais ses compagnons, moins confiants, n'osaient le suivre. Il revient donc à eux, et, étendant son manteau sur les ondes, il les fait monter dessus et les conduit ainsi à l'autre rive sous les yeux d'une foule nombreuse. L'Eglise a immortalisé ce miracle en le consignant dans la bulle de canonisation et dans la légende du Bréviaire.

Dans une autre rencontre, le même saint renouvelle ce prodige d'une manière encore plus éclatante. Les Tartares venaient d'escalader d'assaut la ville de Kiev et livraient déjà tout au pillage, lorsqu'on avertit le saint, qui était à l'autel, qu'il n'y avait pas un instant à perdre, s'il voulait se sauver avec toute sa communauté. Il se rend à cet avis, et, sans quitter les vêtements sacrés, il prend dans ses mains le saint ciboire et se met en devoir de sortir. Vers le milieu de l'église, il entend une voix forte et plaintive qui part d'une statue de la Vierge, en albâtre, du poids de huit à neuf cents livres: «Mon fils Hyacinthe, lui crie-t-elle, tu m'abandonnerais aux profanations des Tartares! Emporte-moi avec toi. — Glorieuse Vierge, répond le dévot serviteur, cette image est si pesante; comment pourrais-je la porter? — Prends, mon fils en allègera le poids.» Le saint, tenant d'une main la Sainte-Eucharistie, saisit de l'autre la statue devenue aussi légère qu'un roseau, et, chargé de ce double trésor, il passe sain et sauf avec les siens à travers les barbares qui, déjà, envahissent le monastère, et arrive sur les bords du Dnieper. Là, de sa chape il fait une barque à ses frères, et lui, traverse à pied sec le fleuve dans toute sa largeur, en imprimant sur les eaux la trace de ses pas. Nous aurions bien d'autres faits semblables à raconter, car ils abondent dans les vies des saints; mais nous devons clore ces récits pour en rechercher l'interprétation... (Tome II pp. 588-600.)

L'indépendance vis-à-vis des éléments extérieurs se manifeste encore par la résistance aux actions qu'ils exercent.

Tantôt, c'est une immobilité qui rend vains toutes les impulsions et tous les efforts. Un jour que le bienheureux Gilles des Frères prêcheurs demeurait suspendu en l'air par l'extase, son compagnon et les gens de la maison où ils étaient, tentèrent de ramener son corps à terre; ils ne parvinrent même pas à le faire changer de position. Sainte Lucie, la martyre de Syracuse, menacée des lieux infâmes, devint si immobile que ni les bourreaux qui avaient l'Ordre de l'enlever, ni plusieurs paires de bœufs auxquels on l'attacha avec des cordes, ne purent la faire remuer. (Tome II, pp. 601, 602.)

Saint Pascal Baylon a quelquefois manifesté sa présence ou plutôt sa vertu par des coups frappés (*percussiones*) sur les images qui le représentent. Mais c'est principalement dans les châsses qui renferment ses reliques que ces bruits extraordinaires se font entendre, tantôt doux et harmonieux, tantôt plus accentués, tantôt retentissants comme un éclat de bombe. (Tome II, p. 229.)

L'abbé Ribet cite ailleurs (II ; 547) sainte Otte qui, deux fois par jour, était élevée et soutenue en l'air par des anges, pendant qu'elle priait...

Outre les saints mentionnés par cet écrivain, comme ayant eu des lévitations, les Bollandistes attribuent le même miracle aux personnages suivants, classés par ordre de date, depuis le IXe siècle jusqu'au commencement du XVIIIe : André Salus, esclave scythe (tome VIII, page 16); Luke de Sotherium, moine grec (II, 85); Étienne Ier, roi de Hongrie (V, 541); Ladislas Ier, roi de Hongrie (I, 318); saint Dominique (I, 405, 573); Ludgard, nonne belge (III, 238); Humiliana, de Florence (IV, 396): Jutta, de Prusse, ermite (VII, 606); saint Bonaventure (III, 827); saint Thomas d'Aquin (I, X 670); Ambroise Santédonius, prêtre italien (III, 192, 681); Pierre Armengal, prêtre espagnol (I, 334); saint Albert, prêtre sicilien (II, 326): Marguerite, princesse de Hongrie (II, 904); Robert de Solenthum, prêtre italien (III, 503): Agnès de Montepolitiano, abbesse italienne (II, 794); Bartholus de Vado, ermite italien (II, 1007); Elizabeth, princesse de Hongrie (II, 126): Catherine Columbina, abbesse espagnole (VII, 352); saint Vincent-Ferrier (I, 497); Collette de Ghent, abbesse flamande (I, 559, 576); Jérémie de Panormo, moine sicilien (I, 297) ; saint Antoine, archevêque de Florence (I, 335); saint François de Paule (I, 117); Osanna de Mantoue, nonne italienne (III, 703, 705); Bartholomé d'Anghiera, moine italien (II, 665); Colomba de Riéti, nonne italienne (V, 332, 334, 360) ; saint Ignace de Loyola (VII, 432); Salvator de Horta, moine espagnol (II, 679, 680); saint Luis Bertrand, missionnaire espagnol (V, 407, 483) ; Jean de la Croix, prêtre espagnol (VII, 239); J.-B. Piscator, professeur romain (IV, 976); Bonaventure de Potenza, moine italien (XII, 154, 157-9).

On peut ajouter à ces noms, ceux de quelques autres saints ou bienheureux tirés de biographies particulières.

André-Hubert Fournet, prêtre français, fondateur de l'ordre des Filles-de-la-Croix, 1752-1834. (Le R. P. RIGAUD, *Vie du bon Père André-Hubert Fournet*, page 496.)

Claude Dhière, directeur du grand séminaire de Grenoble, 1757-1820. (A.M. DE FRANCLIEU, *Vie de M. Claude Dhière*, page 283-4.)

Le bienheureux curé d'Ars, 1786-1850. (L'abbé Alfred MONNIN, *Vie de M. Jean-Baptiste-Marie Vianney*, page 159.)

On trouvera encore la mention de lévitations accomplies par des religieux ou religieuses d'une moindre notoriété dans les ouvrages de dom Calmet et les lettres de Nicole.

Voici encore quelques autres cas:

Dans la deuxième partie du premier siècle de notre ère, le diacre Philippe était enlevé par un esprit en revenant de Gaza où il était allé conférer le baptême à Candoce, reine d'Ethiopie.

AMÉLINEAU (*Les Moines Egyptiens* — Publ. du musée Guimet) raconte que les païens d'Antinoë ayant accusé Schnoudi d'avoir brisé les idoles, celui-ci fut soulevé en l'air par les anges du Seigneur jusqu'à une hauteur d'où il pouvait encore se faire entendre. Il resta ainsi suspendu au-dessus du tribunal du gouverneur pendant assez longtemps, puis redescendit peu à peu. La foule le porta en triomphe.

En 1555, c'est-à-dire sous le règne de Charles Quint, Thomas, archevêque de Valence, fut suspendu dans les airs pendant une extase qui dura douze heures; et ce phénomène fut constaté non seulement par les habitants de son palais et de son clergé, mais aussi par un grand nombre de citoyens de la ville. En revenant à lui, il tenait encore dans sa main le bréviaire qu'il lisait lorsque l'extase avait commencé, et il se contenta de dire qu'il ne savait plus où il en était resté de sa lecture. (Bolland. V, 332, 334, 360.)

Le bienheureux Pierre Clavet, apôtre des nègres, passa une nuit en l'air, les genoux ployés comme s'ils eussent été sur le sol, et un crucifix entre les mains.

Il existe plusieurs tableaux et gravures représentant des cas de lévitation. Le plus connu est *le Miracle de San-Diego,* par Murillo (catalogué au Musée du Louvre, sous le n° *550 bis;* et dont la photogravure qui est en tête de ce volume reproduit une partie). Un autre tableau, (lui se trouve dans une église de Viterbe, montre un prêtre s'élevant dans les airs au moment où il consacre l'hostie.

Lévitation de San Diégo (d'après Murillo)

CHAPITRE IV

CAS CONTEMPORAINS EN OCCIDENT

A. — *Observations du magnétiseur Lafontaine.*

Lafontaine, dans ses courses à travers l'Europe, eut l'occasion d'observer parmi les crisiaques qu'on lui amenait pour tenter leur guérison par le magnétisme, des phénomènes qu'on peut rattacher à ceux dont il vient d'être question.

Ainsi, il raconte[19] qu'une jeune fille de grande famille, en Angleterre, présentait tous les symptômes de la grande hystérie décrite depuis par Charcot, et cette agilité extraordinaire qu'on a constatée plus rarement. Quand il arriva chez elle, il la trouva étendue sans mouvement sur un lit, sans respiration apparente; la vie semblait l'avoir abandonnée; son visage, d'une pâleur mate était couvert d'une sueur froide. Tout à coup, ce cadavre s'anima:

> D'un bond, la jeune fille fut au milieu de la chambre, les yeux grands ouverts et fixes, gesticulant avec les bras, *s'élevant sur la pointe des orteils* et courant, à demi vêtue, par la

---

[19] *Mémoires d'un Magnétiseur*, T. Ier, p. 284.

chambre ; puis, se jetant à terre, se roulant dans des convulsions affreuses, se heurtant de toutes parts en jetant des cris et frappant les personnes qui cherchaient à la retenir pour éviter qu'elle se blessât. Puis, se redressant soudain et prononçant des paroles mêlées de sons inarticulés, elle marchait droit et ferme, sautait *à des hauteurs inouïes* ; puis, se tordant dans des poses impossibles, elle mettait sa tête entre ses genoux, levait en l'air une de ses jambes et tournait sur l'autre *avec une rapidité étonnante*, tout en conservant sa tête près du parquet. Tantôt elle se redressait, poussant des cris d'effroi comme si elle voyait un spectacle horrible, tantôt elle embrassait avec amour des fantômes ; puis enfin elle roulait épuisée sur le tapis.

Un instant après, elle bondissait de nouveau et courait çà et là dans l'appartement, *posant ses pieds nus sur les meubles, sur les verres, les tasses, le globe de la pendule, sur tous ces riens fragiles qui garnissent les étagères, et cela sans rien casser, sans rien renverser*. Puis elle se retrouvait assise sur le tapis, causant avec un être imaginaire dont elle écoutait les réponses fictives. Un instant après les convulsions se représentaient... Bientôt après, ses yeux exprimèrent un ravissement indicible; elle tomba à genoux, ses lèvres murmurèrent des paroles douces comme une prière. Elle était en extase. L'inspiration s'empara d'elle; elle récita des vers; elle en composa d'autres; elle annonça des faits, des événements qui devaient arriver; *elle s'éleva en l'air comme pour s'envoler*, puis enfin, elle

> retomba affaissée sur elle-même, inerte, sans mouvement, sans respiration perceptible. La crise était terminée ; elle avait duré deux heures.
>
> Après ces terribles secousses, la jeune fille tombait dans un sommeil fort long d'ordinaire et qui durait quelquefois deux jours pendant lesquels elle ne prenait aucune nourriture.

Lafontaine dit qu'il entreprit la cure de cette jeune fille et qu'en la magnétisant pendant trois mois, il fit disparaître ces crises qui, chez elle, avaient duré de 14 à 18 ans.

En 1858, il visita le village de Morzine, en Chablais, où s'était déclarée une épidémie de convulsionnaires, parmi les jeunes filles de 11 à 20 ans. (Il n'y eut qu'un seul garçon, âgé de 13 ans, parmi les 23 personnes atteintes.)

> Les petites possédées se mirent à courir les bois, à monter aux arbres avec une agilité extraordinaire et *se balancer tout en haut des sapins les plus élevés.* Mais, si la crise cessait pendant qu'elles étaient montées, rien de plus singulier que leur embarras pour redescendre. Ces enfants, d'ailleurs, ne se souvenaient point au réveil de ce qui s'était passé pendant la crise...
>
> L'une d'elles, Victoire Vuillet, âgée de seize ans, d'une figure et d'un caractère très doux, était la plus exaltée; non seulement elle courait les champs pendant des heures entières sans être fatiguée, parlant et gesticulant toujours, montait au haut des plus grands

arbres, en descendait avec une rapidité extrême; mais encore, lorsqu'elle était au haut des plus grands, *elle s'élançait d'un pin sur un autre comme l'aurait fait un écureuil ou un singe ..*

On eut recours à Lafontaine pour la soigner et on l'amena à Genève chez lui.

Nous la vîmes pour la première fois chez nous, le 3 avril 1858; elle était en crise; elle parlait d'une voix creuse et sépulcrale, elle qui avait la voix douce et claire. Elle débitait des phrases telles que celle-ci : «Je suis un démon de l'enfer dont je suis sorti pour tourmenter Victoire jusqu'à ce qu'enfin je l'emporte avec moi. Entendez-vous le bruit des chaînes? Entendez-vous le feu qui pétille et les cris des damnés qui brûlent? Cela réjouit le cœur, ça fait plaisir.» Puis elle sautait à une hauteur étonnante, jetait des cris rauques, se tordait le corps au point que la tête venait toucher les talons; ensuite elle se roulait par terre; d'un bond elle était debout, tournait avec une vitesse étonnante et s'arrêtait instantanément; puis elle faisait de grands gestes, articulait des sons qu'on ne comprenait pas et sautait sur les bras d'un fauteuil, puis, bondissant tout à coup, elle se trouvait suspendue au dossier de ce meuble dans une position impossible à décrire.

Ensuite elle courait sur tous les meubles, posant un pied sur le dos d'un fauteuil, l'autre sur le dossier d'une chaise, puis s'élançant sur une table, sautant sur d'autres meubles et faisant ainsi, sans perdre l'équilibre, le tour de notre cabinet et de notre salon toujours en parlant... Mais, après que nous eûmes bien observé cette crise, lorsque nous posâmes une main sur la tête de la jeune fille, et l'autre sur son estomac, tout ce merveilleux tomba aussitôt et nous n'eûmes plus devant nous qu'une malade qui râlait et se tortillait dans des convulsions que nous fîmes cesser presqu'instantanément; puis, après l'avoir magnétisée par de grandes passes pendant trente minutes et l'avoir dégagée, Victoire se trouva très bien.

Lafontaine ajoute qu'après quinze jours de magnétisation, Victoire se trouva tout à fait guérie de ses crises et de ses maux de tête et d'estomac. Cette guérison a, du reste, été définitive, ainsi qu'il a pu s'en assurer par un oncle de la jeune fille qui la lui avait amenée et qui, comme lui, habitait Genève.

Voici un autre cas rapporté par le même auteur (tome II, page 96) :

> J'avais une malade, Mme d'A... , que j'avais plongée dans le somnambulisme pendant son traitement et qui m'avait offert plusieurs curieuses observations. Un jour que, plus souffrante, elle était restée au lit et qu'elle avait près d'elle une de ses parentes, j'arrivai pour la magnétiser.
>
> Je l'endormis promptement, puis je localisai mon action sur l'estomac et sur les jambes. Je restai silencieux en magnétisant, comme je le fais toujours dans les cas graves, ce qui fit que Mlle Laure, s'ennuyant, passa au

salon dont les portes étaient ouvertes. Après avoir jeté un coup d'œil désœuvré sur les albums éparpillés sur une table, elle s'approcha du piano, l'ouvrit, préluda par quelques accords et resta, quelque temps, dans une espèce de rêverie.

Aux premières notes des accords, ma malade avait éprouvé, par tout le corps, un léger frémissement qui s'était peu à peu calmé pendant le temps d'arrêt; mais, quand Mlle Laure se remit à jouer un morceau très pathétique et allant droit à l'âme, ma malade sembla sortir de l'état d'engourdissement dans lequel le sommeil l'avait plongée.

Sa figure s'anima, elle se mit sur son séant; et, la musique continuant sur le même rythme, d'un bond elle se trouva debout et droite sur son lit, les yeux grands ouverts et fixes ; puis ses pieds glissèrent jusqu'au bord du lit, *sans qu'il y eût aucun mouvement des muscles*. Là, ils dépassèrent doucement le lit et descendirent lentement *les deux pieds à la fois et sans aucun point d'appui* jusqu'au tapis, comme s'ils avaient été posés sur une de ces trappes dont on se sert à l'Opéra pour faire descendre les divinités du milieu des nuages. Tout le corps semblait soutenu en l'air par un fil invisible; les membres étaient raides.

Je regardais dans la plus profonde stupéfaction sans rien comprendre ; mais mes yeux étaient bien ouverts; mon intelligence et ma raison veillaient et étaient à leur poste. Il ne pouvait y avoir d'erreur pour moi. Les pieds et les jambes étaient nus: Mme d'A ... , elle-même, n'était couverte que d'une chemise et d'un léger mantelet.

Cependant, descendue sur le tapis, ses pieds continuèrent à glisser ensemble *sans le moindre mouvement, sans la moindre contraction.* Elle semblait une statue placée sur une planche qu'on tirait à soi et qui glissait, sans aucune secousse, comme si elle avait été posée sur un chemin de fer.

Je la suivais, dans mon étonnement, mes bras autour de son corps, mais sans la toucher, afin de pouvoir la soutenir s'il survenait un accident.

Mme d'A ... arriva ainsi jusqu'aux portes ouvertes du salon; Mlle Laure, la voyant apparaître, pâle, tout en blanc, les cheveux en désordre et tombant sur ses épaules, les yeux fixes, ternes et sans vie comme un fantôme, jeta un cri d'effroi et cessa de jouer. Aussitôt Mme d'A... s'affaissa sur elle-même ; je ne pus la retenir. Des mouvements convulsifs se produisirent dans les membres ; puis elle resta raide, froide, le visage livide comme la mort; c'était un cadavre.

À mes cris, à mes prières, Mlle Laure, toute tremblante, recommença quelques notes qui semblèrent être perçues par la malade et qui, continuant, la ramenèrent à la vie. Bientôt, la musique fit son effet: Mme d'A... se releva, rejetant la tête en arrière, rouvrant les yeux qui s'étaient fermés ; tendant les bras vers un être invisible, elle tomba à genoux ; sa tête frappa le tapis avec humilité, puis, avec des mouvements de la plus suave volupté, elle contourna son corps dans des poses dont la grâce ne peut s'exprimer. Jamais, non jamais, je n'ai rien vu d'aussi beau, ni d'aussi gracieux; il semblait que tout ce que nous avons d'immortel en nous agît et se révélât dans ses poses .....

Après un certain temps, j'attirai de nouveau Mme d'A..., qui glissa en arrière, toujours dans son extase. Je fis cesser la musique lorsqu'elle fut près de son lit, et je la renversai par un brusque mouvement. Alors son corps devint bientôt aussi froid et aussi raide qu'un vrai cadavre. Tout mouvement, toute respiration disparut. Le pouls comme le cœur ne se faisait plus sentir; il semblait que l'âme se fût échappée et qu'il ne me restât que le corps de la malade; c'était effrayant à en perdre la tête, surtout en voyant la douleur et le désespoir de Mlle Laure qui s'accusait de l'avoir tuée et perdait elle-même connaissance dans un évanouissement qui dura une heure.

Je la fis enlever et porter dans une autre chambre par les domestiques et je restai seul avec la malade qui ne donnait aucun signe de vie.

À force d'insufflations chaudes sur le cœur, l'estomac et le cerveau, je ramenai graduellement la vie et le mouvement. Cela me prit une demi-heure. Puis je fis de grandes passes sur tout le corps depuis la tête jusqu'aux pieds, pendant deux heures, en maintenant un sommeil bienfaisant et réparateur. Au bout de ce temps, haletant, épuisé, mais triomphant et content de moi, je réveillai la malade et je la dégageai entièrement.

Alors j'eus le bonheur d'entendre Mme d'A... dire qu'elle ne s'était jamais si bien trouvée que dans ce moment. De plus, la paralysie des jambes, dont cette dame était atteinte, avait reçu une secousse dont la malade éprouva une amélioration si grande que le jour même elle put faire, toute éveillée, deux tours de chambre en étant à peine soutenue; résultat d'autant plus merveilleux que, depuis deux mois, elle ne pouvait se soutenir sur ses jambes. Depuis cet événement, l'amélioration grandit tellement chaque jour que, trois semaines après, Mme d'A... était entièrement guérie.

B. — *Cas du Dr Cyrias*

Le Dr Cyriax, de Berlin, raconte, dans une brochure publiée, il y a quelques années, sous le titre: *Comment je suis devenu spiritualiste*, une aventure qui lui arriva à Baltimore où il habitait en 1853.

> Une centaine de personnes se trouvaient un soit réunies dans le vaste atelier du peintre Lanning pour entendre un discours de Mme French *intransée*, lorsqu'elle fut tout à coup enlevée de l'estrade sur laquelle elle se trouvait et portée vers le fond de la salle dont elle fit complètement le tour en planant à une hauteur de deux pieds environ du plancher; la vue de ce phénomène constaté par mes yeux, comme il l'était au même moment par une centaine de dames et de messieurs, me donna le frisson; je voyais devant moi, dans la plénitude de ma connaissance, une personne qui, sans remuer un membre, les bras croisés et les yeux fermés, planait au-dessus du plancher, était transportée

entre deux rangées de bancs contenant chacune une cinquantaine de personnes, puis revenant de la même manière du fond de la salle jusque sur l'estrade, et poursuivait son discours comme s'il ne se fût rien passé d'extraordinaire! Je voyais toutes les autres personnes constater ce phénomène et en être abasourdies aussi bien que moi. Mes sens ne m'avaient donc pas trompé; ce que j'avais vu s'était donc bien réellement passé!

Quelle était donc la force qui avait été mise en jeu? Une force naturelle aveugle serait-elle capable de réaliser des résultats aussi étonnants sans se heurter à quelqu'obstacle? Cette hypothèse étant en opposition avec l'expérience, je fus obligé, après un sérieux examen, d'en venir à la conclusion que, dans ces circonstances, les lois de la pesanteur paraissant supprimées ou rencontrant, tout au moins, de la résistance, il me fallait admettre l'intervention d'une volonté intelligente et que, puisque cette volonté faisait preuve d'intelligence, elle ne pouvait émaner que d'une personnalité, d'un individu. Vouloir trouver l'explication par une manifestation inconsciente d'un cerveau n'était pas admissible dans cette circonstance.

Ce phénomène m'avait tellement impressionné que je n'en dormis pas de toute la nuit; je me trouvais constamment en face de ce que j'avais vu et je cherchais vainement à l'expliquer par les lois naturelles connues.

C. — *Les Lévitations de Home.*

Ces lévitations ont été constatées par un très grand nombre de témoins et notamment par M. Crookes qui donne à leur sujet les détails suivants dans ses *Recherches sur le spiritualisme.*

> Ces faits se sont produits quatre fois en ma présence dans l'obscurité. Le contrôle sous lequel ils eurent lieu fut tout à fait satisfaisant, autant du moins qu'on en peut juger; mais la démonstration par les yeux d'un pareil fait est si nécessaire pour détruire nos idées préconçues *sur ce qui est naturellement possible et sur ce qui ne l'est pas*, que je ne mentionnerai ici que les cas où les déductions de la raison furent confirmées par le sens de la vue.
>
> En une occasion, je vis une chaise sur laquelle une dame était assise, s'élever à plusieurs pouces du sol. Une autre fois, pour écarter tout soupçon que cet enlèvement était produit par elle, cette dame s'agenouilla sur sa chaise, de telle façon que les quatre pieds en étaient visibles pour nous, alors elle s'éleva à environ trois pouces, demeura suspendue pendant dix secondes à peu près et ensuite descendit lentement. Une autre fois encore, deux enfants, en deux occasions différentes, s'élevèrent du sol avec leurs chaises, en plein jour et dans les conditions les plus satisfaisantes pour moi, car j'étais à genoux et je ne perdais de vue les pieds de la chaise, remarquant bien que personne ne pouvait y toucher.
>
> Les cas d'enlèvements les plus frappants dont j'ai été témoin ont eu lieu avec M. Home.

En trois circonstances différentes, je l'ai vu s'élever complètement au-dessus du plancher de la chambre. La première fois, il était assis sur une chaise longue; la seconde, il était à genoux sur sa chaise, et la troisième, il était debout. À chaque occasion, j'eus toute la latitude possible d'observer le fait au moment où il se produisait.

Il y a au moins cent cas bien constatés de l'enlèvement de M. Home qui se sont produits en présence de beaucoup de personnes différentes; et j'ai entendu de la bouche même de trois témoins, le comte de Dunraven, lord Lindsay et le capitaine C. Wynne, le récit des faits de ce genre les plus frappants, accompagné des moindres détails de ce qui se passa. **Rejeter l'évidence de ces manifestations équivaut à rejeter tout témoignage humain, quel qu'il soit, car il n'est pas de fait, dans l'histoire sacrée ou dans l'histoire profane, qui s'appuie sur des preuves plus imposantes.**

L'accumulation des témoignages qui établissent les enlèvements de M. Home est énorme. Il serait bien à souhaiter que quelqu'un, dont le témoignage soit reconnu comme concluant par le monde scientifique (si toutefois il existe une personne dont le témoignage en faveur de pareils phénomènes puisse être admis), voulût sérieusement et patiemment étudier ce genre de faits. Beaucoup de témoins oculaires de ces enlèvements vivent encore et ne refuseraient certainement pas d'en donner le témoignage...

Les meilleurs cas de lévitation de Home eurent lieu chez moi. Une fois, entre autres, il se plaça dans la partie la plus visible de la salle, et après une minute, il dit qu'il se sentait enlever. Je le vis s'élever lentement, d'un mouvement continu et oblique, et rester pendant quelques secondes, environ à six pouces du sol; ensuite, il redescendit, lentement. Aucun des assistants n'avait bougé de sa place. Le pouvoir de s'enlever ne s'est presque jamais communiqué aux voisins du médium; cependant une fois ma femme fut enlevée avec sa chaise, sur laquelle elle était assise.

Crookes écrivait à Home, le 12 avril 1871 :

Ne vous gênez pas pour me citer comme un de vos plus fermes adhérents. Une demi-douzaine de séances dans le genre de celles de hier soir, avec quelques hommes de sciences bien qualifiés, suffiraient pour faire admettre scientifiquement ces vérités, *qui deviendraient alors aussi incontestables que les faits de l'électricité.*

Le récit détaillé de la lévitation qui eut lieu le 16 décembre 1868, à Londres, dans une séance obscure, en présence de lord Lindsay, de lord Adare et du capitaine Wynne, a été rédigé par lord Lindsay pour la *Société dialectique* dans les termes suivants :

Home, qui était entransé depuis un certain temps, après s'être promené par la chambre, se dirigea vers la salle voisine. À ce moment, une communication vint m'effrayer.

J'entendis une voix murmurer à mon oreille: — Il va sortir par une fenêtre et rentrer par l'autre. —Tout ahuri à la pensée d'une expérience aussi dangereuse, je fis part à mes amis de ce que je venais d'entendre, et ce ne fut pas sans anxiété que nous attendions son retour. Nous entendons alors la fenêtre de l'autre chambre se soulever et, presqu'immédiatement, nous voyons *Home flotter en l'air et dehors de notre fenêtre.* La lune donnait en plein dans la chambre et, comme je tournais le dos à la lumière, l'appui de la fenêtre faisait ombre contre la paroi en face de moi, et je vis les pieds de Home qui vinrent se projeter au-dessus à une distance d'environ six pouces. Après être resté dans cette position pendant quelques secondes, il souleva la fenêtre, glissa dans la chambre, les pieds en avant, et vint s'asseoir. Lord Adare passa alors dans l'autre pièce et, remarquant que la fenêtre par laquelle il venait de sortir était entr'ouverte à dix-huit pouces seulement de hauteur, il exprima sa surprise de ce que Home eût pu passer par cette ouverture. Le médium, toujours entransé répondit: — Je vais vous montrer. —Tournant alors le dos à la fenêtre, il se pencha en arrière et fut projeté dehors, la tête la première, le corps entièrement rigide, puis revint à sa place. La fenêtre est à soixante-dix pouces du sol; les deux fenêtres sont éloignées l'une de l'autre de sept pieds six pouces environ et n'ont chacune qu'une saillie d'une douzaine de pouces servant à recevoir des vases.

J'ajouterai encore ici quelques témoignages récemment publiés :

> Home fut enlevé de sa chaise et je lui pris les pieds pendant qu'il flottait au-dessus de nos têtes. (*Lettre du comte Tolstoï à sa femme*, 17 juin 1866.)
>
> Puis M. Home annonce qu'il se sent, lui-même, soulevé: *son corps prend la position horizontale* et il est transporté, les bras croisés sur la poitrine, jusqu'au milieu de la salle; après y être resté quatre on cinq minutes, il est ramené à sa place, transporté de la même manière.
>
> *(Procès-verbal rédigé par le Dr Karpovitch d'une séance tenue à Saint-Pétersbourg, chez la baronne Taoubi, en présence du général Philosophoff et de la princesse Havanschky.)*
>
> Le même soir, Home s'étant mis au piano commença à jouer ; comme il nous avait engagés à nous approcher, j'allais me placer auprès de lui; j'avais une de mes mains sur sa chaise et l'autre sur le piano; pendant qu'il jouait, *sa chaise et le piano s'élevèrent à une hauteur de trois pouces*, puis se remirent en place.
>
> *(Attestation de lord Crawford, depuis lord Lindsay, en 1869.)*

Un célèbre médecin anglais, le Dr Hawksley, qui soignait, en 1862, la première femme de Home, rapporte qu'un jour Home fit, en sa présence, monter un visiteur qui désirait voir quelque phénomène, sur une forte et lourde table «qui s'éleva immédiatement, avec sa charge, à huit pouces au moins de hauteur.» Le Dr Hawksley se baissa et passa aisément la main entre les roulettes et le tapis; puis, cet exercice terminé, la table redescendit et le monsieur quitta son poste.

Voici comment Dunglas Home décrit lui-même ses impressions[20].

> Durant ces élévations ou lévitations, je n'éprouve rien de particulier en moi, excepté cette sensation ordinaire dont je renvoie la cause à une grande abondance d'électricité dans mes pieds; je ne sens aucune main me supporter, et, depuis ma première ascension citée plus haut [21](1), je n'ai plus éprouvé de craintes, quoique, si je fusse tombé de certains plafonds où j'avais été élevé, je n'eusse pu éviter les blessures sérieuses.
>
> Je suis en général soulevé perpendiculairement, mes bras raides et relevés par-dessus ma tête, comme s'ils voulaient saisir l'être invisible qui me lève doucement du sol. Quand j'atteins le plafond, mes pieds sont

---

[20] *Révélations sur ma vie surnaturelle,* Paris, 1864, p. 52-53.

[21] Elle eut lieu en Amérique, pays de D. Home, dans l'obscurité, à la fin de la soirée du 8 août 1852 (Home avait alors dix-neuf ans) , où s'étaient produits des mouvements de tables et autres manifestations spirites ; voici comment la raconte un des témoins : « Tout à coup, à la grande surprise de l'assemblée, M. Home fut enlevé en l'air ! J'avais alors sa main dans la mienne, et je sentis, ainsi que d'autres, ses pieds suspendus à douze pouces du sol. Il tressaillait de la tête aux pieds, en proie évidemment aux émotions contraires de joie et de crainte qui étouffaient sa voix. Deux fois encore son pied quitta le parquet ; à la dernière, il atteignit le haut plafond de l'appartement, où sa main et sa tête allèrent frapper doucement. « (*Révél.*, p. 52)

> amenés au niveau de ma tête et je me trouve comme dans une position de repos. J'ai demeuré souvent ainsi suspendu pendant quatre ou cinq minutes; on en trouvera un exemple dans un compte rendu de séances qui eurent lieu, en 1857, dans un château près de Bordeaux. Une seule fois mon ascension se fit en plein jour; c'était en Amérique. J'ai été soulevé dans un appartement à Londres, Stoane street, où brillaient quatre becs de gaz et en présence de cinq Messieurs qui sont prêts à témoigner de ce qu'ils ont vu, sans compter une foule de témoignages que je peux ensuite produire. En quelques occasions la rigidité de mes bras se relâche et j'ai fait avec un crayon des lettres et des signes sur le plafond, qui existent encore, pour la plupart à Londres.

Home attribuait les lévitations et la plupart des autres phénomènes qu'il produisait, à des êtres intelligents et invisibles qui s'emparaient de sa force nerveuse pour se manifester. Telle était aussi l'opinion du Dr Hawksley qui s'exprimait ainsi dans un rapport demandé par une société savante de Londres :

> En consentant à faire ce rapport, je me suis réservé la latitude d'exprimer mon opinion sur la cause de ces phénomènes; ce n'est pas celle qui a cours généralement. Après un sérieux examen, j'en suis venu à la conclusion que ces manifestations étaient provoquées par un esprit intelligent, qui s'emparait du corps de mon ami et pouvait le quitter pour opérer, à distance, certains actes, jouer d'un instrument, par exemple, soulever et projeter des objets

matériels, lire dans la pensée ou répondre d'une manière intelligente par des *raps*, aux questions qui lui étaient posées. Les cas de possessions dont il est parlé dans les Écritures donnent lieu de croire que ces phénomènes sont identiques à ceux qui se passaient du temps du Sauveur; ces possessions; suivant l'Évangile, ne prouvaient pas qu'elles fussent, ni une preuve de la culpabilité de ceux qui en étaient victimes, ni une punition; il fallait plutôt y voir une épreuve ou un malheur, qui doit avoir sa raison d'être, mais nous est resté jusqu'ici tout à fait incompréhensible. En ce qui concerne M. Home, quoique je sois porté à croire qu'il était possédé, ce que j'ai connu de sa vie et de ses qualités me laisse absolument convaincu de sa véracité, de son honnêteté, de sa bienveillance et de la noblesse de son caractère.

(GARDY, *Le médium D. D. Home*, p. 142.)

D. — *Les lévitations de M. Stainton Moses.*

M. Stainton Moses[22] a également décrit les impressions qu'il a éprouvées dans le premier des cas

---

[22] M. William Stainton Moses, né dans le Lincolnshire, le 5 novembre 1839 et mort le 5 septembre 1892, est un clergyman qui professa à *l'University Collège School* de Cambridge. Il était allé étudier pendant six mois la théologie dans un monastère du Mont-Athos. À partir de 1870, il fut l'objet de phénomènes extraordinaires dont un résumé, fait par M. Fr. Myers, membre de la Société des Recherches psychiques de Londres, vient d'être publié dans les *Annales des sciences psychiques*. M. Myers fut pendant 17 ans son ami intime et il rend le témoignage le plus éclatant à son honorabilité. M. Moses a publié la plupart de ses

de lévitations dont il fut le sujet, au cours des séances tenues avec quelques amis.

> Un jour (le 30 juin 1870)... je sentis ma chaise éloignée de la table et tournée dans le coin où j'étais assis, de sorte que je tournais le dos au cercle et faisais face à l'angle du mur. Ensuite, la chaise fut élevée de terre à une hauteur qui, d'après ce que j'ai pu juger, devait être de 30 à 40 centimètres. Mes pieds touchaient la plinthe qui pouvait avoir 30 centimètres de haut. La chaise resta suspendue quelques instants et alors je me sentis la quitter et monter toujours plus haut, toujours plus haut, dans un mouvement très doux: et très lent. Je n'avais aucune appréhension et je ne me sentais pas mal à l'aise. J'avais parfaitement conscience de ce qui se passait et décrivais la marche du phénomène à ceux qui se trouvaient assis à la table. Le mouvement était très régulier et il nous parut assez long avant d'être complet. J'étais tout près du mur, si près même que j'ai pu, avec un crayon solidement posé contre ma poitrine, marquer le coin opposé sur le papier du mur. Cette marque, mesurée après, se trouvait à un peu plus de 1m 80 du parquet, et, d'après ma position, ma tête devait être dans l'angle de la chambre, à peu de distance du plafond. Je ne pense pas avoir été le moins du monde endormi. Mon esprit était parfaitement net et je me rendais parfaitement compte de ce curieux phénomène. Je n'ai senti sur le corps aucune pression, j'avais la sensation d'être dans

---

livres sous le pseudonyme d'Oxon, qui signifie agrégé de l'Université d'Oxford.

un ascenseur et de voir les objets passer loin de moi. Je me rappelle seulement une légère difficulté à respirer, avec une sensation d'avoir la poitrine remplie et d'être plus léger que l'atmosphère. Je fus descendu très doucement et placé sur la chaise qui avait repris son ancienne position. Les mesures furent immédiatement prises, et les marques que j'avais faites au crayon, enregistrées. Ma voix, m'a-t-on dit, résonnait comme si elle venait de l'angle du plafond.

Cette expérience fut répétée neuf fois avec plus ou moins de succès.

E. — *Observations de Donald Mac-Nab.*

Donald Mac-Nab, ingénieur des arts et manufactures, aussi remarquable par la droiture de son cœur que par l'élévation de son esprit et que la mort a enlevé prématurément à la science, a fait une série d'expériences avec deux de ses amis, M. F..., compositeur de musique, et M. C..., sculpteur, dont plusieurs œuvres ont été admises au Salon des Champs-Élysées.

Mac-Nab publia, en 1888, Le résultat de ces expériences dans le *Lotus rouge*, dirigé alors par M. Gaboriau. Voici ce qui a trait aux lévitations.

Le médium M. F... est fréquemment enlevé en l'air pendant les séances; mais cela arrive plus souvent à un de mes amis, M. C... , sculpteur, qui est aussi médium. Une fois, celui-ci nous dit qu'il était enlevé avec sa chaise. Nous entendions en effet le son de sa voix qui changeait de place. Notez qu'il avait de gros souliers et qu'on n'entendait pas le moindre bruit de pas; enfin ayant allumé, il se trouva assis sur sa chaise et celle-ci sur le lit. Une autre fois, ayant maladroitement allumé pendant qu'il était lévité sur le tabouret du piano, il tomba lourdement d'une hauteur de 50 à 60 centimètres; si lourdement que le pied du meuble fut cassé. Trois ingénieurs, MM. Labro, Th... , et M... en furent témoins.

Il me semblait important d'avoir des preuves plus palpables de cette lévitation et voici ce que j'imaginai. J'étendis par terre un carré d'une étoffe très peu solide qu'on appelle andrinople; c'est une espèce de calicot teint en rouge. Au milieu nous mîmes une chaise et nous fîmes asseoir M. C... dessus. L'autre médium, M. F..., n'était pas là. Nous tînmes chacun un coin de l'étoffe et, comme nous étions cinq, un des coins était tenu par deux personnes. J'éteignis, et presque aussitôt nous sentîmes la chaise s'enlever, rester quelque temps en l'air, puis redescendre doucement. L'étoffe n'était pas même tendue et au moindre effort elle aurait été déchirée. Cette expérience remplissait M. C... de frayeur. Les personnes présentes étaient M. R..., M. C..., deux dames et moi.

Je ne crois pas qu'on puisse rien objecter à cette expérience de la lévitation du médium, constatée au moyen d'une étoffe tendue sous la chaise. Il était déjà installé sur sa chaise quand nous avons éteint; le soulèvement a eu lieu presque immédiatement : nous étions cinq autour de lui et il lui était impossible de descendre puis de remonter sans que nous nous en apercevions.

La lévitation n'est pas une force nécessairement verticale, comme beaucoup de personnes le croient. Par exemple, en présence de M. de Rochas, se produisit le fait suivant que j'observe à presque toutes les séances :

M. C... était assis à côté de moi, contre la fenêtre, dans l'obscurité; tout d'un coup il fut enlevé et posé contre le piano, avec sa chaise, tout près de M. Gaboriau [23]. Cela se fit si rapidement, que nous entendîmes presque simultanément le bruit que fit la chaise en s'enlevant, et celui qu'elle fit en se posant; et, pendant le transport, elle avait tourné de 180°, car M. C... avait le dos tourné contre le piano, tandis qu'un instant auparavant il l'avait contre la fenêtre.

Dans une séance M. Montorgueil, et dans une autre M. de Rochas, passèrent leur main sous les pieds du médium pendant son ascension, et purent s'assurer qu'il n'employait aucun des procédés ordinaires de la gymnastique.

---

[23] M. Gaboriau dit à ce propos dans une note: — M. Mac-Nab ayant allumé brusquement, comme toujours, j'ai vu le médium qui était très *essoufflé* et en sueur, comme s'il venait de monter un fardeau; il fut quelque temps à se remettre. Autant que je me le rappelle, il a dû passer par-dessus la table pour venir tomber à côté de moi, sur ma chaise. Je me rappelle parfaitement l'air ému et effrayé de M. C..., et je suis persuadé qu'il avait passé sur la table avec sa chaise, car, la chambre où nous étions étant fort petite, nous la remplissions presque complètement avec la table et nos sièges disposés tout autour; il n'aurait pu passer derrière nous sans nous frôler, surtout dans l'obscurité.

F. — *Observations de M. B..., ancien élève de l'École polytechnique.*

Dans le courant de l'année 1887, un de mes amis, ancien élève de l'École polytechnique, qui occupe une situation scientifique élevée, s'aperçut, par hasard, qu'un membre de sa famille présentait des facultés médianimiques. Il en étudia les diverses manifestations, et voici ce qu'il m'a écrit au sujet des phénomènes de lévitation.

> Ces phénomènes doivent être comptés parmi les plus intéressants de tous ceux dont nous fûmes témoins. Des tables pesantes, par une simple imposition de la main du médium, s'enlevaient des quatre pieds à une assez grande hauteur, et ne pouvaient être que difficilement replacées sur le parquet, malgré nos efforts réunis.
>
> Un soir, nous étions assis dans la chambre du médium, alors obscure, autour d'une petite table placée devant la cheminée; sur le parquet, à l'un des angles de cette cheminée, reposaient deux obus vides; l'un, du calibre de 16 centimètres, pesant 30 kilogrammes, et l'autre, plus petit, pesant 12 kilogrammes.
>
> Après une série de coups frappés avec violence, j'entends des crépitations se produire sous la table, analogues à celles des étincelles d'une machine électrique, et, regardant à ma gauche, je vois le plus gros des deux obus entouré d'une vive lueur; je le sens s'élever en frôlant ma jambe, et je, le vois se poser doucement sur la table. Le second obus, le plus

petit, suivant le même chemin, vient presque aussitôt se placer auprès du premier.

Un instant après, nous entendons le médium s'écrier : «Je sens que je m'enlève.» Monté sur ma chaise, je suis son ascension jusqu'au plafond, *le long duquel il se trouve couché,* et ma main peut parcourir son corps dans toute sa longueur, de la tête jusqu'aux pieds.

Il redescend lentement, en reprenant la position verticale, et se place debout sur la table où nous le trouvons après avoir augmenté la lumière du gaz; les deux pieds exactement posés dans l'espace étroit qui sépare les deux obus.

Cette triple ascension, malgré l'effort considérable qu'elle suppose, s'est effectuée sans aucun bruit, et le médium, quelqu'étrange que soit sa situation, n'en paraît ni surpris, ni effrayé.

Le poids du médium pouvait être évalué, à l'époque de nos expériences, à 60 kilogrammes. En supposant de 0m80 la hauteur de la table et de 3m celle du plafond, le travail effectué par la force occulte pour produire les trois ascensions successives n'a pas été moindre de (30+12) 0,8+60X3 = 214 kilogrammètres.

Dans deux autres séances distinctes, le médium fut également *enlevé et couché contre le plafond de sa chambre*, sans éprouver la sensation d'aucune poussée extérieure et sans pouvoir se rendre compte des raisons de son ascension.

G. — *Lévitation d'Eusapia Paladino.*

Eusapia Paladino est une femme de Naples, âgée aujourd'hui d'une quarantaine d'années et dont les propriétés médianimiques ont été étudiées par un grand nombre de savants à Naples, à Rome, à Milan, à Varsovie, à Cambridge et en France. J'ai réuni les différents rapports rédigés à la suite des expériences qui avaient été faites à ce moment-là dans un livre intitulé *l'Extériorisation de la motricité*, publié à Paris, chez Chamuel, en 1895).

I° — Lévitations à Naples en 1889 — M. le chevalier Chiaïa a adressé au Congrès spirite de 1889, le récit d'expériences qu'il venait de faire à Naples avec Eusapia, en présence du professeur don Manuel Otéro Avèvédo de Madrid et de M. Tassi de Pérouse.

Le médium était en transe et on avait baissé le gaz sur sa demande.

> Au bout de peu d'instants, pendant lesquels on n'entendait que le grincement habituel des dents du médium qui était dans un état de léthargie, Eusapia, au lieu de causer comme toujours en très mauvais patois napolitain, commença à parler en pur italien, en priant les personnes assises à ses côtés de lui tenir les mains et les pieds. Puis, sans entendre le moindre frottement, ni aucun mouvement rapide de sa personne, ni même la plus légère ondulation de la table autour de laquelle nous nous trouvions, MM. Otéro et Tassi, les plus près du médium, s'aperçurent les premiers d'une ascension inattendue; car ils se sentirent soulever tout doucement les bras; et, ne voulant jamais quitter les mains du médium, ils durent

l'accompagner dans son ascension. Ce cas splendide de lévitation est d'autant plus digne d'attention qu'il avait eu lieu sous la plus rigoureuse surveillance et avec une légèreté telle qu'on semblait soulever une plume. Ce qui surprit surtout ces messieurs, ce fut de sentir les deux pieds du médium posés sur la petite surface de la table (0m80 sur 0m60) déjà en partie couverte par les mains de quatre assistants, *sans qu'aucune de ces mains fût touchée*, quoiqu'on fût dans l'obscurité la plus complète.

Bien qu'étourdis par un fait si extraordinaire et si imprévu, l'un de nous demanda à John[24] s'il lui serait possible de soulever un peu le, médium de dessus la table, à pieds joints, de manière à nous permettre de constater encore mieux le soulèvement. De suite, sans discuter la demande exigeante et malicieuse, Eusapia fut soulevée de dessus la table, de 10 à 13 centimètres; chacun de nous pût librement passer la main sous les pieds de la «magicienne» suspendue en l'air!

En vous racontant ceci, je ne sais quel sentiment est le plus fort en moi; est-ce la satisfaction d'avoir obtenu un phénomène si magnifique, si merveilleux, ou bien est-ce le soupçon pénible d'être pris pour visionnaire, même par mes plus intimes amis? — Heureusement nous étions quatre, y compris l'Espagnol, toujours soupçonneux, et deux *demi-* croyants bien disposés à accepter l'évidence des faits.

---

[24] John est le nom d'une personnalité énigmatique et invisible, dont Eusapia se prétend possédée quand elle est en transe.

Quand notre magicienne voulut descendre de la table, sans notre aide, avec une adresse non moins merveilleuse que celle employée pour monter, nous eûmes d'autres sujets d'étonnement. Nous, trouvâmes le médium étendu, la tête et une petite partie du dos appuyées sur le rebord de la table, le reste du corps, horizontalement, droit comme une barre et sans aucun autre appui à sa partie inférieure, tandis que la robe était adhérente aux jambes, comme si elle était liée ou cousue autour d'elle. Bien que produit dans l'obscurité, ce fait important fut (inutile de le répéter) surveillé scrupuleusement, avec le plus grand soin, par tous, et de manière à le rendre plus évident s'il eût lieu en plein jour.

Du reste j'ai eu l'occasion d'être témoin d'une chose plus extraordinaire encore. Un soir, je vis le médium, étendu rigide dans l'état le plus complet de catalepsie, se tenir dans la position horizontale avec la *tête seulement* appuyée sur le rebord de la table, pendant cinq minutes *à la lumière du gaz*, en présence des professeurs de Cintiis, Dr Capuano l'écrivain bien connu, M. Frédéric Verdinois et autres personnages.

2° — *Lévitations à Milan en 1892.* — Le rapport officiel des expériences de Milan, rédigé par M. AKSAKOF, conseiller d'Etat de S. M. l'Empereur de Russie, est signé par : MM. GIOVANNI SCHIAPARELLI, directeur de l'Observatoire astronomique de Milan ; CARL DU PREL, docteur en philosophie, de Munich, ANGELO BROFFERIO, professeur de philosophie ; GIUSEPPE GÉROSA, professeur de physique à l'Ecole supérieure d'Agriculture de Portici; ERMACORA, docteur en physique ; CHARLEL RICHET, professeur à la faculté de médecine de Paris ; CÉSAR LOMBROSO, professeur à la Faculté de médecine de Turin.

Il constate, avec la lévitation, deux autres phénomènes qui lui sont connexes:

> *Variation de la pression exercée par tout le corps du médium assis dans la balance.* — L'expérience présentait beaucoup d'intérêt, mais aussi beaucoup de difficultés, parce que l'on comprend que tout mouvement, volontaire ou non, du médium sur la plateforme de la balance peut causer des oscillations de cette plateforme et, par suite, du levier. Pour que l'expérience fût concluante, il fallait que le levier, une fois dans sa nouvelle position, y restât quelques secondes pour permettre de mesurer le poids par le déplacement du contrepoids. On fit l'essai avec cette espérance. Le médium fut placé sur la balance, assis sur une chaise, et l'on trouva un poids de 62 kilogrammes.
>
> Après quelques oscillations, il se produisit un abaissement très prononcé du levier pendant plusieurs secondes, ce qui permet à M. Gérosa, placé près du levier, de peser le poids immédiatement; il était de 52 kilog., ce qui indiquait une diminution de pression équivalente à 10 kilog.
>
> Sur le désir exprimé par nous d'obtenir le phénomène inverse, l'extrémité du levier ne tarda pas à s'élever en indiquant alors une

augmentation de 10 kilog. Cette expérience fut répétée plusieurs fois et dans cinq séances différentes: une fois, elle ne donna pas de résultats; mais la dernière fois, *un appareil enregistreur a permis d'obtenir deux courbes du phénomène.* Nous essayâmes de reproduire nous-mêmes de semblables dépressions, et nous ne pûmes y réussir qu'en nous tenant complètement debout sur la plateforme et appuyant alors, soit d'un côté, soit de l'autre, près du bord, avec des mouvements assez amples que nous n'avions jamais observés chez le médium et que n'aurait pas permis sa position sur sa chaise. Toutefois, reconnaissant que l'on ne pouvait déclarer l'expérience absolument satisfaisante, nous l'avons complétée par celle qui va être décrite plus loin.

Dans cette expérience de la balance, quelques-uns d'entre nous remarquèrent que son succès dépendait probablement du contact de la robe du médium avec le plancher, sur lequel était directement placée la balance.

Cela fut vérifié par un observateur spécialement préposé à cet effet, le soir du 9 octobre. Le médium étant sur la balance, celui d'entre nous qui était chargé de surveiller ses pieds vit bientôt le bord inférieur de sa robe s'allonger jusqu'à pendre en bas de la plateforme. Tant que l'on s'opposa à cette opération, qui, *certainement,* n'était pas produite par les pieds du médium, la lévitation n'eut pas lieu; mais, dès qu'il fut permis au bas de la robe d'Eusapia de venir toucher le plancher, on vit se produire une lévitation répétée et évidente qui fût indiquée *par une superbe courbe sur le cadran enregistreur* des variations de poids.

Une autre fois, nous essayâmes d'obtenir la lévitation du médium, en le plaçant sur une large planche à dessin, et celle-ci sur la plateforme de la balance. La planche empêchant le contact de la robe avec le plancher, l'expérience ne réussit pas.

Enfin, le soir du 12 octobre, on prépara une autre balance en forme de peson, avec une plateforme bien isolée du plancher et distante de celui-ci d'environ 30 centimètres. Comme on veillait soigneusement à empêcher tout contact fortuit entre la plateforme et le plancher, même par le rebord de la robe d'Eusapia, l'expérience manqua. Pourtant, dans ces conditions, nous crûmes obtenir, le 18 octobre, quelques résultats; mais l'expérience ne fut pas bien nette.

Nous en concluons que pas une lévitation ne nous a réussi quand le médium était parfaitement isolé du plancher.

Mouvement du levier de la balance à bascule. — Cette expérience fut faite pour la première fois dans la séance du 21 septembre.

Après avoir constaté l'influence que le corps du médium exerçait sur la balance, pendant qu'il s'y tenait assis, il était intéressant de voir si cette expérience pouvait réussir à distance. Pour cela la balance fut placée derrière le dos du médium assis à la table, de telle sorte que la plate-forme fût à 10 centimètres de sa chaise.

On mit, en premier lieu, le bord de sa robe en contact avec la plate-forme: le levier commença à se mouvoir. Alors M. Brofferio se mit à terre et tint le bord avec la main: il constata qu'il n'était pas du tout tendu, puis il reprit sa place.

Les mouvements continuant avec assez de force, M. Aksakof se mit à terre derrière le médium, isola complètement la plate-forme du bord de sa robe, replia celui-ci sous la chaise et s'assura avec la main que l'espace était bien libre entre la plate-forme et la chaise, ce qu'il nous fit connaître aussitôt. Pendant qu'il restait dans cette position, le levier continuait à se mouvoir et à battre contre la barre d'arrêt, ce que nous avons tous vu et entendu,

Une seconde fois, la même expérience fut faite dans la séance du 26 septembre, devant le professeur Richet. Quand, après une certaine attente, le mouvement du levier se produisit à la vue de tous, battant contre l'arrêt, M. Richet quitta aussitôt sa place auprès du médium et s'assura, en passant la main en l'air et par terre, entre le médium et la plate-forme, que cet espace était libre de toute communication, de toute ficelle ou artifice.

Enlèvement du médium sur la table. — Nous plaçons parmi les faits les plus importants et les plus significatifs cet enlèvement qui s'est effectué deux: fois, le 23 septembre et le 3 octobre: le médium, qui étais assis à un bout de la table, faisant entendre de grands gémissements, fut soulevé avec sa chaise et placé avec sur la table, assis dans la même position, ayant toujours les mains tenues et accompagnées par ses voisins.

Le soir du 28 septembre le médium, tandis que ses deux mains étaient tenues par MM. Richet et Lombroso, se plaignit de mains qui le saisissaient sous les bras, puis dans un état de *transe*, il dit d'une voix changée qui lui est ordinaire dans cet état: «Maintenant j'apporte mon médium sur la table.» Au bout de deux ou trois secondes, la chaise, avec le médium qui y était assis, fut non pas jetée, mais soulevée d'emblée et déposée sur la table, tandis que MM. Richet et Lombroso sont sûrs de n'avoir aidé en rien à cette ascension par leurs propres efforts. Après avoir parlé, toujours en état de transe, le médium annonça sa descente, et, M. Finzi s'étant substitué à M. Lombroso, le médium fut déposé à terre avec autant tout de sûreté et de précision, tandis que MM. Richet et Finzi accompagnaient, sans les aider en rien, les mouvements des mains et du corps et s'interrogeaient à chaque instant sur la position des mains.

En outre, pendant la descente, tous deux sentirent à plusieurs reprises une main qui les touchait légèrement sur la tête. Le soir du 3 octobre, le même phénomène se renouvela dans des circonstances assez analogues, MM. du Prel et Finzi se tenant à côté du médium.

3° — Lévitations à Varsovie en 1893 et 1894. —Eusapia se rendit à Varsovie à la fin de l'année 1893 et y resta le mois de janvier 1894. Elle y fut examinée par beaucoup de personnes et il s'éleva à son sujet de très vives polémiques.

Il y eut plusieurs cas de lévitation assez mal décrits dans l'extrait du rapport donné par la *Revue d'hypnotisme*. En voici un bien net.

> Une fois, raconte M. Matazewski, je fus témoin du soulèvement du médium en l'air au milieu de la chambre, sans aucun appui. Il était alors à l'état de transe et s'élevait graduellement, lentement, et légèrement en l'air (tout en restant debout), et retombait ainsi lentement et légèrement sur le plancher. Cela faisait la même impression que si quelqu'un soulevait et abaissait le médium. Eusapia resta assez longtemps suspendue en l'air, pour qu'on pût passer librement la main sous ses pieds, pour constater qu'elle ne touchait absolument pas le plancher. La hauteur du soulèvement fut de quelques pouces. Le fait se répéta quatre fois.

M. Ochorowicz a ainsi parlé de ces lévitations dans l'*Illustration de Varsovie*:

> Un autre fait des plus surprenants et des plus rares (obtenu ainsi au Congrès de Milan) fut la lévitation complète de la personne même du médium lequel, tenu toujours par les mains et par les pieds, fut soulevé de terre et porté avec sa chaise, en état de catalepsie, sur la table.
>
> «Je soulèverai mon médium en l'air», dit Eusapia en français assez correct (langue qu'elle ne connaît pas dans son état normal). Et en réalité elle fut soulevée. Telle fut, du moins, mon impression pendant plusieurs secondes. En

passant ma main sous ses bottines, j'ai pu constater qu'entre celles-ci et la table, il y avait une distance de quatre à cinq pouces.

Une autre fois encore, le médium fut brusquement soulevé du sol. Il était debout et Mme Ochorowicz eut le temps de passer sa main entre les pieds d'Eusapia et le parquet. La lévitation terminée, le médium, toujours en état demi-conscient, marche vers la table en appuyant ses mains sur la table, essaye de simuler très grossièrement ou peut-être de provoquer un nouveau soulèvement en l'air. Cette particularité est à noter, dit M. de Siemiradzki qui en fut témoin; et c'est à des mouvements automatiques analogues très faciles à distinguer des véritables phénomènes, qu'on doit, dans beaucoup de cas, en attribuer la fraude apparente dont on a souvent accusé Eusapia.

4° — *Lévitation à l'Agnélas.*—Au mois de septembre 1895, Eusapia se rendit en France dans ma maison de campagne, située à l'Agnélas, près de Voiron (Isère), afin d'y être étudiée par une commission composée de MM. Sabatier, doyen de la Faculté des sciences de Montpellier; lt-colonel de Rochas, administrateur de l'École polytechnique; comte Arnaud de Gramont, docteur ès sciences physiques; Dr Dariex, docteur en médecine, directeur des *Annales des Sciences psychiques*; Maxwell, substitut du procureur général à Limoges; baron de Watteville, licencié ès sciences physiques et en droit.

Il y eut une lévitation dans la séance du 27 septembre. —Le procès-verbal publié par la commission décrit ainsi le phénomène:

10 h. 50' . —MM. De Gramont, Sabatier, de Rochas, sont successivement touchés à la tête, à l'épaule, dans le dos, au bras. À ce moment, M. Dariex, fatigué, quitte la séance.

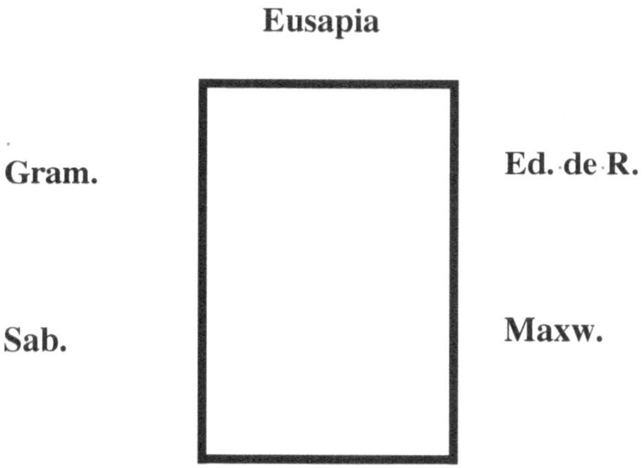

Maxwell cède sa place, à gauche d'Eusapia, à M. Ed. de Rochas. M. Gramont abandonne sa situation de contrôle des jambes d'Eusapia et passe à droite, remplaçant M. Sabatier. M. Ed. de Rochas tient la main gauche d'Eusapia et M. de Gramont la main droite.

Eusapia demande que la table soit éloignée de la fenêtre et portée vers le milieu du salon. Les mains sont contrôlées comme ci-dessus; les pieds d'Eusapia reposent, le droit sur le pied gauche de M. de Gramont, le gauche, sur le pied droit de M. Ed. de Rochas.

Eusapia dit à plusieurs reprises «Altare, Altare», c'est-à-dire «S'élever, S'élever», pour indiquer qu'elle va s'efforcer de s'élever. Elle fait répéter à MM. de Gramont et Ed. de Rochas, qui tiennent ses deux mains, le mouvement *d'accompagner* des mains en l'air, mais sans opérer de traction ou de résistance notable. Au bout de quelques minutes, et dans une obscurité à peu près complète qui permet à grand'peine de distinguer les silhouettes, Eusapia, *sans prendre de point d'appui sur les mains des observateurs* qui suivent simplement les siennes, ni sur les pieds des mêmes observateurs sur lesquels reposaient les siens, a paru à M. de Gramont, qui tenait sa main droite, être enlevée, *assise*, d'un mouvement continu assez rapide, non par un *bond* ou un *saut* appréciable, mais plutôt comme par un ascenseur. La chaise s'élève avec elle, et les pieds d'Eusapia parviennent *à peu près* à hauteur de la table. Les Observateurs se lèvent en même temps pour suivre le mouvement. À partir de ce moment, elle échappe au contrôle des deux observateurs, les mains étant lâchées. M. Sabatier placé à la droite de M. de Gramont, cherche à se rendre compte par le toucher, dans l'obscurité, si Eusapia, pendant qu'elle s'élève, place un genou sur la table pour lui servir de levier; mais il n'a rien pu constater nettement. MM. de Gramont et Ed. de Rochas affirment qu'Eusapia a été soulevée avec sa chaise, un peu moins haut que la table, sans opérer de pression sur eux et sans prendre point d'appui sur leurs mains ou leurs pieds.

La surprise amène dans le contrôle une confusion et un relâchement notables; on constate seulement qu'Eusapia est *debout* avec sa chaise sur la table. Elle essaie de s'élever encore verticalement; M. Sabatier passe rapidement la main sous la plante des pieds d'Eusapia et constate que les talons sont relevés au-dessus de la table, mais qu'Eusapia s'appuie sur l'extrémité des pieds et des orteils, comme on le fait lorsqu'on se hausse sur le bout des pieds.

Eusapia s'affaisse alors; ses voisins la reçoivent dans leurs bras et l'asseyent par terre.

Nous devons ajouter qu'une des personnes qui se trouvaient à proximité de la table s'est évanouie presque complètement, non d'émotion, mais de faiblesse, disant qu'elle s'était sentie *vider* de forces sous l'influence des efforts d'Eusapia.

H. —*Expériences de Rome en 1893.*

M. Palazzi (de Naples) a publié, en décembre 1893, le récit d'une séance à laquelle il venait d'assister à Rome, chez un peintre, M. Francesco Alégiani, en présence de M. Henri de Siemiradzki, du Dr Nicola Santangelo , médecin de Vénosa, des professeurs Ferri et Lorgi, de l'Université romaine, de M. Hoffmann, directeur de la revue *Lux*, de M. Giorli et de quelques autres hommes ou femmes; en tout une vingtaine de personnes parmi lesquelles trois médiums, M. l'ingénieur Palmiani et deux jeunes étudiants, MM.

Arturo Ruggieri et Alberto Fontana. Ce dernier était le médium le plus puissant.

Quatorze personnes formèrent la chaîne autour de la table éclairée par une lanterne rouge.
M. Fontana était à l'un des angles; la main droite était tenue par M. Giorli et sa main gauche par le Dr Santangelo, qui se trouvait, par suite de l'angle de la table, sur le bord perpendiculaire à celui qu'occupaient les deux autres,

La table commença par craquer, se soulever partiellement, puis se souleva entièrement à trente centimètres du sol.

On fit alors l'obscurité complète sur la demande de la table par coups frappés.

> Après très peu de temps, tout à coup, et sans que rien ne l'eût fait prévoir, *les trois personnes ci-dessus* furent *soulevées en même temps et portées sur la table*, MM. Fontana debout, Santangelo à genoux. Cette différence de position pourrait trouver son explication dans l'effort que la force agissante n'avait pu se déployer entièrement sur Santangelo, lequel ne se trouvait pas dans la même ligne que Fontana; elle avait dû laisser le docteur agenouillé, sans réussir à le mettre debout.
>
> De quelque manière que ce soit, il faut une force bien puissante pour soulever, d'un seul coup et à la fois, trois personnes dont deux, MM. Giorli et Santangelo, sont très lourdes.
>
> Ce phénomène fut dûment constaté par plusieurs personnes, entr'autres Mme Ferri et M. Siemiradzki. Pendant ce temps, le médium était soulevé au-dessus de la table, phénomène constaté et vérifié par la plupart des assistants,

non seulement par ceux qui se trouvaient auprès du médium, mais encore par Mme Ferri, M. Siemiradzki et moi qui étions du côté opposé de la table. *Nous avons passé plusieurs fois la main à plat au dessous des pieds du médium, entre ses pieds et la table: il était soulevé d'environ dix centimètres.*

Comme l'obscurité complète pouvait laisser supposer que les deux pieds sous lesquels on passait la main n'étaient pas ceux du médium, mais que l'un appartenait au médium et l'autre à M. Giorli debout à côté de lui, on apporta la lumière rouge, on fit descendre les deux contrôleurs et on pria la force agissante, qui se disait un esprit nommé Oscar, de reproduire le phénomène sur le médium resté seul sur la table et toujours tenu par les contrôleurs de droite et de gauche: ce qui fut accepté.

L'obscurité faite à nouveau, le médium se sentit soulever au-dessus de la table. On vérifia alors très nettement qu'il avait été soulevé plus haut encore que la première fois, puisque la plupart des assistants purent passer, sous ses pieds, la main, non plus à plat comme précédemment, mais debout et de côté.

Quand on eut bien constaté la lévitation, le médium redescendit sur la table.

Alors nous demandâmes à l'esprit de le descendre lui-même de dessus la table, chose qui fut aussitôt faite. Dans le temps que le médium était descendu doucement, il ne cessait de crier que, par pitié, ou ne lui lachât pas les mains.

Peu d'instants après que le médium fut assis sur sa chaise, tout à coup, il fut lancé en long, sous la table, avec une violence telle qu'il entraîna avec lui M. Giorli et fit presque trébucher le Dr Santangelo. Le médium et M. Giorli, vinrent avec leurs pieds, frapper les nôtres, et nous étions au bout opposé de la table.

Nous dîmes à M. Giorli de remettre sur pied M. Fontana; mais, après quelques efforts, il nous dit que M. Fontana était d'une lourdeur telle qu'il n'avait pu réussir à le faire bouger.

Plusieurs autres personnes essayèrent aussi en vain de soulever le médium.

M. Giorli restait toujours étendu à côté du médium; nous le fîmes retirer de là et se remettre debout dans la crainte qu'il ne contribuât à rendre lourd M. Fontana. Celui-ci, dans son épouvante éternelle, recommandait à MM. Giorli et Santangelo de ne pas lâcher les mains.

M. Siemiradzki, un homme grand et robuste, voulut alors soulever le médium, mais il ne tarda pas à déclarer que M. Fontana «était cloué au parquet», et qu'il ne réussissait pas à le remuer.

Mme Ferri voulut aussi tenter l'épreuve, mais elle aboutit au même résultat négatif. Le professeur Ferri, qui était assis à mon côté, s'écriait, plein de surprise: «Et pourtant, ma femme est plus forte qu'un homme» .

Nous priâmes enfin l'esprit Oscar de soulever lui-même le médium; en un clin d'œil, il fut remis sur sa chaise.

M. le Dr Santangelo m'a confirmé les faits de lévitation, obtenus dans les séances du 8 et 15 décembre 1893, par une lettre dont j'extrais ce qui suit:

> Dans la complète obscurité, tant dans la première que dans la deuxième séance, nous vérifiâmes la lévitation du médium Ruggieri, lequel s'éleva presque à la hauteur d'un mètre au-dessus du niveau de la table, comme je m'en assurai moi-même et que je le fis constater, à la première séance, par Mlle Possidoni qui était à ma gauche et, à la deuxième séance, par Mme Ferri qui nous avait honorés de sa présence.
>
> Dans le cours de la soirée, le médium, après avoir été élevé en l'air, fut avec force tiré de dessous la table et obligé de rester immobile, couché sur le dos. Moi, Mme Ferri M et Mme Siemiradzki, nous nous efforcions à le mouvoir au moins d'un centimètre: tout fut inutile, il semblait de plomb et soudé fortement au sol.
>
> Il y a plus encore: dans la deuxième, soirée, il se produisit un fait qui m'impressionna beaucoup et qui m'impressionne encore toutes les fois que je le raconte.
>
> Quand le médium M. Ruggieri commençait à s'élever, je le tenais fortement avec la main; mais, me voyant tiré avec force jusqu'à perdre pied, je me cramponnai à son bras et ainsi *je fus élevé en l'air avec mon compagnon qui était de l'autre côté du médium.* Nous étions tous trois élevés en l'air, jusqu'à une hauteur *d'au moins trois mètres au-dessus du plancher* puisque je touchais distinctement

avec mes pieds la lampe à suspension qui pendait au centre du plafond.

Dans la rapide descente, la lumière étant faite, je me trouvai agenouillé sur la table, presque en danger de me rompre le cou, sans que cependant rien ne me fût arrivé de désagréable.

Oui, à Rome, moi, moi-même, sans ailes, j'ai volé en l'air, et cela je puis l'attester à la face de Dieu et des hommes. Mais, avant moi, les trois médiums Cecechini, Ruggieri et Boella furent aussi soulevés dans l'espace jusqu'à toucher le plafond..., Et c'était beau d'entendre venir leur voix de si haut, annonçant le phénomène. (Voir *Lux*, VIe année, 12e fasc.)

Voilà des faits et des faits sérieux ; incroyables, oui, mais cependant dignes de toutes les considérations possibles et imaginables. Quels avantages en auront la chimie, la physique, la physiologie, la psychologie, l'anthropologie, l'éthique, la morale, la politique, la religion, etc., et pourquoi on ne les étudie-t-on pas? ... Ce sont des choses éternellement incompréhensibles.

M. Falcomer, professeur au Royal Institut technique d'Alexandrie, m'a parlé de cette séance dans une lettre portant la date du 10 novembre 1895.

Dans le cercle de mon ami Hoffmann, à Rome, un médium s'éleva au point de toucher avec la tête le plafond de la salle. Pendant qu'il s'élevait, deux personnes le tenaient, l'une par la main droite, l'autre par la main gauche. Mon ami, le chevalier Santangelo, médecin chirurgien, et un autre soulevés par les bras, s'enlevèrent en même temps que lui.

Dans la même lettre, M. Falcomer me signale une autre lévitation qui venait d'avoir lieu à Florence et dont l'issue fut si fâcheuse qu'il m'a prié de ne point publier les noms des victimes.

Un médecin, directeur d'une *Revue d'hypnotisme*, était venu assister à une séance, amenant avec lui son parent M. X..., aussi incrédule que lui, M. X... défia, en termes assez grossiers, la force inconnue de produire quelque chose devant lui. Le médium ne tarda pas à répondre par un argument irrésistible: il souleva jusqu'au plafond de la salle celui qui l'avait défié et *le laissa tomber si lourdement qu'il se cassa le bras*.

J'espère avoir fait entrer la conviction dans l'esprit de nos lecteurs, par un procédé moins brutal.

I. — *Cas divers.*

Deux cas ont été récemment observés à Grenoble et m'ont été affirmés par le curé d'une de ses paroisses, par un professeur de la Faculté et par un ingénieur, ancien élève de l'École polytechnique, qui en ont été témoins.

Le premier se rapporte à une extatique retirée dans un couvent des environs. Cette femme restait couchée au moment de ses crises: quelquefois alors son corps devenait rigide et, si on la prenait par le coude, on la soulevait comme une plume, tant elle paraissait légère.

Le second cas est celui d'un enfant qui, pendant plusieurs années, présenta des phénomènes fort analogues à ceux qui ont été décrits sous le nom *d'agilité surnaturelle* dans le chapitre III, c'est-à-dire qu'il grimpait sans effort le long des murs. — La mère était fort inquiète de ces manifestations anormales; elle consulta en vain les médecins. Un jour, l'enfant prit une crise de somnambulisme et indiqua une certaine tisane qu'il devait boire — ce qui fut fait et le guérit.

Dans la séance du 3 février 1897 de la Société des Sciences psychiques, le père Bulliot a cité un cas de lévitation qu'il a entendu raconter par Mgr d'Hulst. La tante du prélat, une sainte religieuse, la Mère du Bourg, morte en 1863, «fut élevée au-dessus de terre, à plusieurs reprises et aux yeux de toutes les sœurs de sa communauté, notamment lorsqu'on parlait devant elle de «l'amour de Dieu».

Un jour, la pieuse mère, s'étant attachée à son prie-Dieu, l'entraîna avec elle. Le prie-Dieu tomba, et d'assez haut pour se briser en morceaux qui ont été conservés. Mgr d'Hulst a interrogé séparément plusieurs religieuses témoins de ces faits.

Je connais, à Bordeaux, une brave femme, Mme Agullana, qui m'a raconté que, dans sa jeunesse, elle était persécutée dans son village, où elle passait pour sorcière, parce que quelquefois elle s'élevait tout à coup en l'air, pendant un petit moment, sans qu'elle sût d'où cela provenait.

La lévitation a été, quelquefois obtenue par *attraction magnétique*.

L'un des cas, observé par M. Bourguignon, négociant à Rouen, a été décrit par lui dans une lettre adressée au docteur Charpignon le 3 juin 1840. «M'étant aperçu, dit-il que ses membres (ceux du sujet qu'il magnétisait) suivaient, quand je le désirais, tous mes mouvements, je me suis avisé de les attirer; différents essais ayant réussi, je plaçais ma main ; à deux ou trois pouces au-dessus de l'épigastre et le corps entier perdit terre et demeura suspendu... j'ajouterai que la personne que je magnétise, ayant eu, il y a six semaines, une fluxion de poitrine, j'ai cessé, pour ne pas la fatiguer, de l'enlever horizontalement; je place maintenant ma main au-dessus de sa tête et lui fais perdre terre de manière à pouvoir passer plusieurs fois la main ou une canne sous ses pieds.»

« M. Bourguignon affirme qu'il réussit cette expérience huit fois sur dix, mais qu'il n'a pu la reproduire sur aucun autre sujet.

«M. Théron, de Montauban, dit-il encore, avec qui je suis lié et qui s'est. occupé de magnétiser d'après mes conseils, m'a assuré avoir obtenu le même résultat sur une somnambule; je ne l'ai pas vu, mais je le connais trop homme d'honneur pour altérer la vérité[25].»

Le Journal du Magnétisme de Ricard consigne, dans son numéro de novembre 1840, un fait analogue: M. Schmidt, médecin à Vienne (Autriche), vient se fixer en Russie avec sa fille, qu'il maria depuis à M. Pourrat, (de Grenoble). Ce fut à Kiew que Mme Pourrat, qui était d'une mauvaise santé, fut magnétisée par son père. L'effet fut si puissant, qu'après avoir fait quelques passes, la malade, au grand étonnement des assistants, fut soulevée de son lit sur lequel elle était étendue de son long, de manière que l'on pouvait passer la main entre le lit et le corps sans toucher ni à l'un ni à l'autre.

Le docteur Kerner rapporte également dans sa *Voyante de Prévorst*, qu'ayant constaté que ses doigts attiraient ceux de Mme Hauffe, il étendit ses mains au-

[25] CHARPIGNON, *Physiologie du magnétisme*, p. 74.

dessus d'elle et la souleva de terre. Sa femme obtint le même résultat.

Enfin, je ferai observer que la lévitation d'une personne vivante peut être considérée comme un cas particulier de la lévitation d'un objet pesant quelconque, dont j'ai donné de si nombreux exemples dans mon livre sur *l'Extériorisation de la Motricité*, et dont nous venons encore de constater la réalité dans deux séries de séances tenues, du 15 septembre au 15 octobre 1895 avec Eusapia Paladino, à Paris, et à Choisy-Yvrac, près de Bordeaux.

À Paris, une lourde table s'est élevée brusquement sous les mains des expérimentateurs jusqu'à hauteur du menton, y est restée pendant quelque temps malgré leurs efforts pour la faire descendre, puis elle s'est abattue avec fracas.

L'un de ces expérimentateurs, M. Sully-Prud'homme, de l'Académie française, a vu un très lourd tabouret d'architecte avancer tout seul vers lui: «Il m'a frôlé, dit-il, le côté gauche, s'est élevé à la hauteur de la table et est venu se poser dessus.»

À Choisy-Yvrac, pendant que nous tenions et que nous voyions les deux mains d'Eusapia posées sur une table, une chaise, *placée derrière elle*, s'élevait toute seule, passait par-dessus sa tête, par-dessus la table, et venait se présenter en l'air à la main de l'un de nous qui cherchait cette chaise.

Bien certainement quelqu'un qui, ouvrant au hasard ce livre, lirait isolément un des faits que nous citons n'hésiterait point à le traiter d'absurde; mais l'histoire des sciences est là pour nous rappeler que chaque génération a vu crouler devant des faits nouveaux patiemment recueillis et observés, la plus grande partie de l'échaffaudage des connaissances dont la génération précédente se croyait pourtant bien sûre. Prenez la bibliothèque d'un physicien, d'un chimiste, d'un physiologiste du siècle dernier: qu'en reste-t-il aujourd'hui? Avons-nous le droit de nous considérer plus privilégiés que nos pères, surtout quand on pense aux difficultés de toute nature qui ont été opposées et qui s'opposent encore à l'étude des phénomènes dont il est ici question?

CHAPITRE V

THÉORIES PROPOSÉES ET PHÉNOMÈNES ANALOGUES

A. — Les Théories

On a vu, par les chapitres précédents, combien étaient diverses les circonstances dans lesquelles se produisaient la lévitation et quelques-unes des explications qui ont été données.

L'abbé Ribet et des mystiques sont portés à attribuer la plupart des cas à la prépondérance que l'esprit prend sur le corps.

Les occultistes expriment à peu près la même opinion en disant que le *corps astral*, en se dégageant entraîne le corps charnel et ils font remarquer que c'est à ce dégagement du corps astral, opéré dans d'autres conditions, que sont dus les rêves si fréquents où l'on s'imagine être soustrait à l'action de la pesanteur et avoir la faculté de s'élancer travers les airs.

Home, Eusapia et la grande majorité des Catholiques y voient l'action d'entités intelligentes et invisibles (élémentaires, anges ou démons).

Certains savants orientaux enfin l'expliquent par des courants électriques.

Telle est aussi l'explication proposée par M. Fugairon, docteur ès sciences et docteur en médecine, qui admet la réalité des faits dans son livre intitulé: *Essais sur les Phénomènes électriques des êtres vivants.*

Voici ce qu'il en dit (p. 133 et suiv.) :

> On connaît les mouvements dus à l'écoulement de l'électricité par les pointes qu'on met en évidence dans les cours de physique à l'aide du tourniquet. Si l'on fixe l'instrument sur le conducteur d'une machine électrique, on le voit tourner en sens contraire de l'écoulement de l'électricité. On explique ce mouvement par la répulsion qui s'exerce entre l'air électrisé et la pointe elle-même, répulsion qui chasse l'air d'une part, et de l'autre fait rétrograder la pointe. La rotation a lieu aussi dans l'huile, liquide mauvais conducteur, mais non dans l'eau.
>
> Pareillement ne serait-il pas possible qu'un sujet perélectrogène bien doué, debout sur la pointe des pieds sur un plancher ou carrelage mauvais conducteur et produisant un écoulement très intense de fluide électrique par ses orteils s'élevât au-dessus du sol? L'effet ne pourrait-il pas aussi avoir lieu si le sujet, en extase, laissait échapper son fluide à la fois par ses orteils et ses genoux repliés?
>
> ...On sait que le corps des animaux est diamagnétique et que la terre est un aimant. Or, de même que les corps pesants s'éloignent de la surface de la terre, quand ils pèsent moins, à égal volume, que le milieu environnant; de même un aimant repousse le corps qui est

moins magnétique que le milieu dans lequel il est plongé. Peut-être que ce principe, dû à Becquerel, joue aussi un rôle dans la lévitation.

Cela paraît d'autant plus probable, qu'on a vu, dans les citations précédentes, la lévitation se produire comme une sorte de *prolongement* de l'agilité supernaturelle, c'est-à-dire de la diminution de poids des sujets[26] et que des expériences faites à la fin du siècle dernier sembleraient prouver que l'électricité diminue le poids des corps.

Voici, en effet, ce que dit STEIGLEHNER, professeur de physique à Ingolstadt, dans un mémoire publié en 1785, à La Haye, sous le titre *l'Analogie de l'électricité et du magnétisme*:

> Cx. — J'ai fait faire deux vaisseaux cylindriques de laiton; je les ai rendus d'un poids égal, au moyen d'une bonne balance et je les ai remplis d'une égale quantité d'eau. Le diamètre de chaque vaisseau était de 31 lignes. J'ai ôté un de ces vaisseaux de la balance et je l'ai électrisé avec l'eau qu'il contenait; j'ai mis l'autre à quartier, mais je l'ai laissé dans la même chambre pour ne pas l'exposer à une autre température. Après avoir électrisé le vaisseau et l'eau qu'il contenait, pendant une heure, j'ai remis les deux vaisseaux sur la même balance et celui qui avait été électrisé pesait 12 grains de moins: il avait donc éprouvé une évaporation plus forte de la même quantité.

---

[26] On sait qu'autrefois on prétendait reconnaître les sorcières en les plongeant dans l'eau ; elles étaient condamnées si elles surnageaient, c'est-à-dire si elles présentaient une légèreté spécifique plus grande que le commun des mortels.

CXI — J'ai placé un oiseau dans le bassin d'une balance et je l'ai électrisé pendant deux heures, ou plus. J'ai trouvé qu'il diminuait de plus en plus de poids, de sorte qu'il était à la fin plus léger de quelques grains, mais je ne puis pas encore en déterminer le nombre précis, parce qu'il est différent selon l'état de la machine et de l'air,

J'ai trouvé dans l'intervalle de temps que je viens d'énoncer quelquefois 8 grains, quelquefois 12. M. l'abbé Nollet a trouvé à peu près la même chose. Selon ses expériences (*Mémoires de l'Académie Royale des Sciences* pour 1747, p. 238; pour 1748, p. 178), un chat a perdu entre 66 et 70 grains, un pigeon entre 15 et 20; mais il électrisa pendant 5 ou 6 heures.

Certains magnétiseurs prétendent qu'on peut rendre un objet lourd ou léger en le magnétisant.

Nous affirmons, dit M. de Mirville (*des Esprits*, éd. de 1858, p. 300) que, nous-mêmes, sur un simple signe que nous transmettions à un magnétiseur, son somnambule, porté sur nos propres épaules, devenait à notre volonté infiniment plus léger, ou nous écrasait de tout son poids; si nous vous affirmons encore que, sur un simple signe de nous à son magnétiseur placé à l'autre extrémité de la chambre, ce somnambule, dont les yeux étaient hermétiquement bouchés, se laissait rapidement entraîner... ou bien, obéissant à notre nouvelle intention, demeurait tout à coup si bien cloué sur le parquet que, courbé horizontalement et ne reposant plus que sur l'extrémité de la pointe des pieds, tous nos efforts (et nous étions quatre) ne le faisaient plus avancer d'une seule ligne. «Vous attèleriez dessus six chevaux, nous disait le magnétiseur, que vous ne le feriez pas bouger davantage...)

Allan Kardec rapporte, dans le *Livre des Médiums*, qu'il a vu plusieurs fois des personnes faibles et délicates soulever avec deux doigts, sans effort et comme une plume un homme fort et robuste avec le siège sur lequel il était assis: cette faculté étant du reste intermittente chez les sujets. Il y aurait là un phénomène d'un autre ordre qu'on peut rapprocher de l'expérience suivante rapportée par le célèbre physicien David Brewster, membre de la Société royale de Londres, dans une de ses *Lettres à Walter Scott sur la magie naturelle.*

La personne la plus lourde de la société se couche sur deux chaises de telle façon que le bas de ses cuisses repose sur l'une et les épaules sur l'autre. Quatre personnes, une à chaque pied et à chaque épaule, cherchent à la soulever et constatent d'abord que la chose est très difficile. Quant elles ont repris, toutes les cinq, leurs positions primitives, la personne couchée donne deux signaux en frappant deux fois dans les mains l'une contre l'autre; au premier signal, elle et les autres aspirent fortement; dès que les poumons sont pleins d'air, elle donne le second signal pour l'élévation qui se fait sans la moindre difficulté, comme si la personne soulevée était aussi légère qu'une plume.

J'ai eu plusieurs fois l'occasion de remarquer que, lorsqu'une des personnes qui soulevaient n'aspirait pas en même temps que les autres, la partie du corps qu'elle s'efforçait de soulever restait au-dessous des autres.

Bien des personnes ont joué successivement le rôle de porteur ou de porté ; elles ont toutes été convaincues que, par le procédé que je viens de décrire, ou bien le poids du fardeau était amoindri, ou bien la force des porteurs était augmentée.

À Venise, la même expérience fut répétée dans des conditions encore plus étonnantes, L'homme le plus lourd de la société fut élevé et porté à l'extrémité de l'index de six personnes. Le major H..., déclare que l'expérience manque quand la personne à élever est couchée sur une planche, et que l'effort des autres personnes s'exerce sur la planche. Il considère comme essentiel que les porteurs se trouvent en contact immédiat avec le corps humain à élever. L'occasion m'a manqué pour vérifier ce fait par moi-même.

Il est fort probable que le phénomène est très complexe[27] et qu'il n'est pas toujours dû aux mêmes causes; aussi, n'est-il point sans intérêt, dans une question encore si obscure, de rappeler ici d'autres

---

[27] Dans une des dernières séances qui ont eu lieu avec Eusapia à Choisy-Yvrac, près de Bordeaux, chez M. Maxwell, j'étais assis à droite du médium dont on tenait les deux mains. Je sentis une main se glisser sous mon aisselle droite et, obéissant à cette indication, je me dressai sur mes pieds. Aussitôt, ma chaise remonta le long de mon dos et vint me coiffer de telle sorte que j'avais la tête entre ses quatre pieds. Eusapia prétendit qu'elle avait voulu m'enlever avec ma chaise et me porter sur la table, mais que je m'étais levé trop vite.

faits ayant quelque ressemblance avec lui et qui sont évidemment dus à l'électricité.

B. — *Phénomènes de répulsion produits par les courants alternatifs*
(Extrait de la *Physique Populaire* de DESBEAUX, p. 56 et s.)

Le professeur Elihu Thomson, de Lynn (État de Massachussets), a observé, en 1884, à l'Institut de Washington, qu'un électro-aimant, excité par un *courant alternatif et périodique*, repoussait un aimant, un disque de cuivre, un tube, etc., convenablement placés dans son champ.

Ces expériences ont fort intrigué les visiteurs de l'Exposition de 1889, peu habitués, pour la plupart, aux actions à distance, c'est-à-dire s'exerçant sans intermédiaire visible. L'échauffement intense des objets repoussés était également pour eux une cause d'étonnement.

L'électro-aimant employé n'était pas différent de ceux que nous avons décrits. Il était placé verticalement sur un pied; son noyau était formé par un gros faisceau de fils de fer isolés les uns des autres. Le fil de cuivre enroulé autour de ce noyau était très long; ses extrémités aboutissaient aux deux bornes du pied reliées, d'autre part, aux extrémités du circuit extérieur, amenant le courant d'une puissante dynamo à effets alternatifs. Un tube de carton enfilé sur l'électro en cachait le fil.

Les choses étant ainsi préparées, si on abandonne à lui-même un anneau entourant l'électro, il est violemment lancé en l'air.

C. — *Transport, par la foudre, d'objets inanimés* (Extraits de la *notice sur le Tonnerre*, par F. ARAGO, p. 124 et s.)

C'est une propriété de la foudre bien digne d'être étudiée, que celle en vertu de laquelle le météore transporte quelquefois au loin des masses d'un grand poids. Je vais citer ici quelques exemples de ces transports.

Dans la nuit du 14 au 15 avril 1718, un coup de foudre fit sauter le toit et les murailles de l'église de Gouesnon, près de Brest, comme aurait fait une mine. Des pierres avaient été lancées dans tous les sens, jusqu'à la distance de 51 mètres.

Le coup de foudre qui frappa le château de Clermont-en-Beauvaisis, fit un trou de 65 centimètres de large et de 60 centimètres de profondeur, dans un mur, dont la construction, suivant la tradition générale, remontait au temps de César et qui, en tous cas, était si dur, que le pic l'entamait à peine. Les éclats provenant de ce trou se trouvèrent dispersés, en divers sens, à plus de 16 mètres de distance.

Pendant la nuit du 21 au 22 juin 1723, la foudre brisa un arbre dans la forêt de Nemours. Les deux fragments de la souche avaient, l'un 5 et l'autre 7 mètres de long. Quatre hommes n'auraient pas soulevé le premier: la foudre le jeta, cependant, à 15 mètres de distance. Le second était à 5 mètres de la première place, mais dans une direction opposée au premier fragment; son poids surpassait celui que huit hommes parviendraient à remuer,

En janvier 1762, la foudre tomba sur le clocher de l'église de Bréâg dans les Cornouailles. La tourelle (pinacle) en maçonnerie de sud-ouest fut brisée en cent morceaux et totalement démolie.

Une pierre, du poids d'un quintal et demi, avait été jetée de dessus le toit de l'église, dans la direction du sud, à la distance de 55 mètres (sixty yards).

On trouva une autre pierre à 394 mètres (400 yards) du clocher, mais celle-ci vers le nord; une troisième était au sud-ouest.

À Funzie, in Feltar (Ecosse), vers le milieu du dernier siècle, une roche de micaschiste, de 32 mètres de long, de 3 mètres de large et, sur quelques parties, de 1 m. 20 d'épaisseur, fut arrachée en un instant, par un coup de foudre, et brisée en trois grands fragments, sans compter les petits. Un de ces premiers fragments de 7 m 90 de long, de 3 mètres de large et de 1 m. 20 d'épaisseur, avait été simplement renversé sur lui-même; le second de 8 m 50 de long, de 2 m 10 de large et de 1 m 50 d'épaisseur, lancé par-dessus un tertre, alla tomber à la distance de 45 mètres. Un autre fragment, d'environ 12 mètres de long, fut projeté dans la même direction avec plus de force encore, et se perdit dans la mer. (*Extrait par M. Hibbert des manuscrits du R. George Low, cité par M. Lyell dans le 1er volume de ses Principes de Géologie.*)

Le 6 août 1809, à Swinton, distant d'environ 8 kilomètres de Manchester, la foudre produisit, sur une partie de la maison de M.

Chadwick, des effets mécaniques remarquables, que nous allons décrire, sans nous occuper, pour le moment, de leur explication.

Un petit bâtiment en briques, servant à emmagasiner du charbon de terre, et terminé, dans sa partie supérieure, par une citerne, était adossé à la maison de M. Chadwick. Les murs avaient 0 m 90 d'épaisseur, et s'élevaient de 3 m 30. Leurs fondations descendaient à 30 centimètres environ au-dessous du sol.

Le 6 août, à deux heures après-midi, après des décharges répétées d'un tonnerre éloigné, et qui semblait s'approcher, une explosion épouvantable se fit entendre. Elle fut immédiatement suivie de torrents de pluie. Pendant quelques minutes une vapeur sulfureuse entoura la maison.

Le mur extérieur du petit bâtiment, cave et citerne, fut arraché de ses fondations et soulevé en masse; l'explosion le porta verticalement, et sans le renverser, à quelque distance de la place qu'il occupait d'abord. L'une de ses extrémités avait marché de 2 m 70; l'autre de 1 m 20.

Le mur ainsi soulevé et transporté se composait, sans compter le mortier, de 7000 briques et pouvait peser environ 26,000 kilogrammes.

Au moment du phénomène, la cave renfermait une tonne de charbon, et la citerne une certaine quantité d'eau (*Mém. de Manchester*, t. II, 2e série).

M. Liais rapporte que, pendant l'orage qui éclata à Cherbourg dans la nuit du 11 au 12 juillet 1852, la foudre tomba sur le mât de misaine du navire le Patriote, qui se trouvait dans le port. Le mât foudroyé a été fendu sur une longueur de 26 mètres entre l'extrémité du mât et la hune; plusieurs fragments ont été lancés à une grande distance. La force de projection a été telle qu'un morceau long de 2 mètres, ayant 20 centimètres d'équarrissage par le bout le plus épais, terminé en pointe par l'autre extrémité, est venu, à 80 mètres environ de distance, enfoncer la cloison en chêne du bâtiment de la tôlerie, cloison épaisse de 3 centimètres. Cet éclat est entré par le bout le plus gros, s'est enfoncé de près de moitié de longueur dans la cloison: un nœud l'a arrêté.

D. — *Transport par la foudre de personnes vivantes*

(*Extraits de la Foudre, de ses formes et de ses effets*, par le Dr F. SESTIER. — Paris 1866, tome II, p. 87.)

La foudre qui transmet au loin les corps inertes, exerce aussi sur l'homme et sur les animaux des effets de translation.

Au moment où le navire *la Félicité* fut foudroyé près de Bone, le second vit passer devant lui le mousse emporté avec la rapidité de l'éclair, de l'arrière à l'avant du navire où il tomba.

Le 8 juillet 1839, à 3 heures du matin, la foudre atteignit un chêne près de Boiremont, aux environs de Triel (Seine-et-Oise) et frappa deux ouvriers carriers réfugiés sous cet arbre.

Le plus jeune, Athanase Pion, âgé de 22 ans, fut tué sur place; il portait des traces de brûlure depuis l'épaule droite, jusqu'au pied du même côté, ses vêtements de coton tombaient en charpie. Son père, frappé du même coup, portait aussi des traces de la foudre; du front et de l'épaule gauche au pied gauche, dont le soulier fut percé d'un trou. Au même instant, *il fut soulevé et transporté à 23 mètres de distance* dans une touffe de châtaigniers, d'où on le retira à demi-mort ; ce malheureux ouvrier resta estropié.

Quelquefois les foudroyés sont soulevés perpendiculairement et retombent ensuite à la même place; les docteurs Raymont et Tallibart en citent plusieurs exemples.

Le docteur Girault en rapporte un autre exemple.

Un cas plus ordinaire est celui où des personnes sont soulevées, lancées ou transportées à des distances variables.

Fort-Liceti rapporte que la foudre étant tombée pendant le service sur une église à Carpentras, un enfant fut enlevé des bras de sa mère et projeté à trois pas de distance.

Un fait semblable a été relaté par le Dr Trencalye ; un autre a été observé dans l'église Saint-Martin, à Dijon...

Un employé d'un poste de télégraphie électrique aurait reçu une si violente commotion qu'il aurait été enlevé de sa chaise et lancé avec force à travers un vasistas, dans un jardin voisin,

Trois hommes se trouvaient dans un cellier où pénétra la foudre: l'un fut poussé en avant et jeté par terre où il resta comme mort; les deux autres furent lancés dans des directions opposées, l'un contre la muraille, l'autre contre une cloison en planches (Lathrop).

La distance à laquelle est transporté le foudroyé est parfois assez grande[28]... Un bûcheron frappé par la foudre fut lancé à une distance de 20 pieds (Cœster).

Howard, Lathrop, Buissart, Hubert, Lozeran et Beyer citent des cas analogues.

Le suivant, rapporté par Sage, est assez intéressant.

Le 23 juin 1773, près de Chantilly, le chirurgien Brillonet fut surpris par un orage, accompagné de grêle et de vents impétueux. Il descendit de cheval et chercha un abri sous un arbre où s'était déjà réfugié un cultivateur; afin d'opposer plus de résistance au vent ils se serrèrent l'un contre l'autre en embrassant l'arbre. Mais la foudre, en tombant sur eux, les sépara; le cultivateur fut jeté à 6 pieds de l'arbre, vers l'orient et le cheval à l'occident dans un fossé qui était à la même distance. Brillonet fut enlevé et transporté à 25 pas dans la direction du fossé en dessinant une parabole; des bateliers l'aperçurent de loin dans l'air comme une masse noire.

---

[28] On a vu des enfants à la mamelle enlevés des bras de leurs mères, transportés et déposés sans lésions, à plusieurs pas de distance, les mères ayant été tuées ou blessées par le météore (*Id.*, tome I, p. 212)

Pas plus que nous n'expliquons la lévitation, nous ne saurions expliquer actuellement les effets de la foudre ainsi que beaucoup d'autres qui se rapprochent également des phénomènes observés dans les séances médianimiques comme les boules de feu et les projections de caractères ou de dessins.

Quels que soient les rapports qu'ils peuvent avoir entre eux, ils doivent être envisagés d'un même œil par le physicien.

N'est-ce point l'illustre William Thomson, aujourd'hui lord Kelvin qui, en 1871, dans son discours d'inauguration de la session à Edimbourg de l'Association britannique pour l'avancement des sciences, prononçait ces nobles paroles:

La Science est tenue, par l'éternelle loi de l'honneur à regarder en face et sans crainte tout problème qui peut franchement se présenter à elle.

FIN

TABLE DES MATIÈRES

Autres ouvrages d'Albert de Rochas d'Aiglun qui seront ré-édités par

Buenos Books International
www.buenosbooks.fr

La Science des philosophes et l'art des thaumaturges dans l'antiquité, G. Masson, Paris, 1882

La Science dans l'antiquité. Les Origines de la science et ses premières applications, G. Masson, Paris, 1884

Les Forces non définies, recherches historiques et expérimentales, G. Masson, Paris, 1887

Le Fluide des magnétiseurs, précis des expériences du Bon de Reichenbach sur ses propriétés physiques et physiologiques, classées et annotées par le lieutenant-colonel de Rochas d'Aiglun, G. Carré, Paris, 1891

Les États profonds de l'hypnose, Chamuel, Paris, 1892

Les États superficiels de l'hypnose, Chamuel, Paris, 1893

L'Extériorisation de la sensibilité, étude expérimentale et historique, Bibliothèque Chacornac, Paris, 1895

L'extériorisation de la motricité, recueil d'expériences et d'observations, Chamuel éditeur, Paris, 1896

Les Frontières de la science, Librairie des sciences psychologiques, Paris, 2 volumes, 1902-1904

L'Extériorisation de la motricité, Bibliothèque

Chacornac, Paris, 1906

Les Vies successives, documents pour l'étude de cette question, Bibliothèque Chacornac, Paris, 1911

La Suspension de la vie, Dorbon aîné, Paris, 1913

Pour toute information, veuillez contacter les éditions
buenos Books International
www.buenosbooks.fr
courrier électronique : buenosbooks@free.fr

A PROPOS DE L'AUTEUR

Albert de Rochas d'Aiglun est né en France, le 20 mai 1837 à Saint Firmin-en-Valgaudemar. Il est mort le 2 septembre 1914 à Grenoble. A sa sortie de l'école l'Ecole Polytechnique, il commence une carrière militaire et écrit de nombreux ouvrages sur l'art militaire. En 1888, il prend sa retraite de lieutenant-colonel et est nommé administrateur de l'École Polytechnique. C'est dans les laboratoires de cette école qu'il fait de nombreuses expériences pour explorer le fonctionnement de l'esprit humain et les énergies qui émanent du corps. Qualifiées à tort de «sciences occultes», ses recherches scientifiques lui valent un jour les remontrances d'un général inspecteur de l'École polytechnique. Dans son ouvrage

L'extériorisation de la sensibilité, après avoir évoqué la scène humiliante pendant laquelle Napoléon reçu une oeuvre du savant Lamark, il écrit :

«Une scène à peu près semblable me fut faite par un général inspecteur m'engageant à donner ma démission parce qu'il «ne pouvait tolérer qu'on s'occupât de sciences occultes dans une école militaire». Je me bornai à lui répondre que, comme son nom l'indique, l'Ecole Polytechnique n'était pas seulement une école militaire et que toutes les sciences avaient été occultes avant d'être découvertes ; mais, dès ce moment, je dus abandonner les expériences que j'avais instituées dans l'un des laboratoires de physique de l'établissement dans le but de définir la force psychique par les réactions réciproques qui peuvent s'exercer entre elle et les autres forces connues.» (*L'extériorisation de la sensibilité*, sixième édition, Paris, Chacornac, 1909, p. 204.)

AUTRE TITRE PUBLIÉ PAR LES EDITIONS BUENOS BOOKS INTERNATIONAL, PARIS
WWW.BUENOSBOOKS.FR

CREATIVITE SCIENTIFIQUE, INFORMATIONS UTILES POUR LES ETUDIANTS, LES CHERCHEURS ET LES LABORATOIRES DE RECHERCHE

Auteur : Anna Mancini, 2nde édition 2007 :
brochée ISBN : 9782915495362
reliée ISBN : 9782915495379

Les plus grands savants contemporains pensent à l'unanimité que loin de répondre à une froide logique, les découvertes scientifiques impliquent l'être humain dans son intégralité sensible et rationnelle. L'histoire des sciences fait nettement apparaître que l'intuition et les rêves montrent le chemin de la découverte, tandis que la logique et l'expérimentation en permettent la manifestation. Elle montre aussi que chaque fois qu'un chercheur a involontairement réussi à obtenir un rêve inventif ou une intuition, il a laissé loin derrière lui tous les autres chercheurs du domaine. Pourtant, personne n'a encore systématiquement exploré les conditions qui provoquent ces "effets spéciaux" qui soudain surgissent dans le cerveau d'un chercheur, le distinguent parmi tant de milliers d'autres et en font l'un des trop rares novateurs, dont la renommée s'étendra à travers les siècles. Ce livre, basé sur de nombreuses années d'exploration des connexions entre le rêve et la réalité, lève le voile sur les conditions favorables et les conditions défavorables à la survenance d'idées nouvelles. Il livre aussi une méthode efficace pour augmenter la fréquence des rêves inventifs dans les laboratoires de recherche et partout ailleurs.

www.ingramcontent.com/pod-product-compliance
Lightning Source LLC
LaVergne TN
LVHW090445061026
849522LV00002B/789